Koji-mold (*Aspergillus oryzae*) cultured in mold rice extract medium.

(*Aspergillus oryzae* will produce antibiotics yeastcidin. Only *Saccharomyces sake* can be grown in liquid medium of mold rice extract produced antibiotics yeastcidin.)

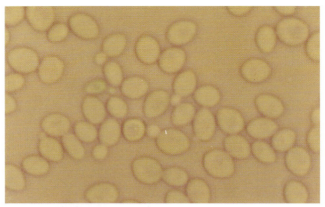

Sacch. sake (K7)
The viable cells cultured for 3 days were not dyed with methylen blue.

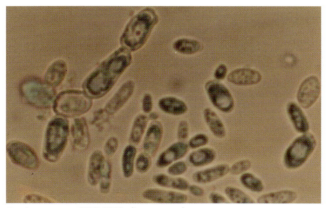

Sacch. cerevisiae IFO 2000 (beer yeast)
The dead cells blued with methylen blue.

Yeast cells incubated in cultured-filtrate of *koji* mold containing antibiotics yeastcidin.

(Test No. 1)

(Test No. 2)

Difference of high foams formation of yeast in *sake* mash.
(Only *Sacch. sake* formed high foams).

Foams formation in malt extract (8.5% direct reducing sugar, acidity of 0.8ml, amino-acidity of 2.4ml and pH4.95) at 18〜20℃.

There was no difference between each yeast in foams formation.

清酒酵母の特性は日本酒の文化

まえがき

　世界に類をみない米, 米麹, 水を原料とする清酒「もろみ」に生育する酵母が, ビール酵母で代表される*Saccharomyces cerevisiae*と異なることを理解してもらうことは, 日本酒の文化を広めることになり日本酒業界の発展に寄与することになる。

　清酒の風味を特徴付けるのは米麹であり, そこに繁殖している麹菌は*Aspergillus oryzae*である。東北大学名誉教授, 一島英治先生は麹菌を「国菌」とよんでいる。

　原料ではないが, 清酒醸造ではアルコール発酵能を有する清酒酵母が必要である。目では見られないので理解しにくいが, 清酒酵母はビール酵母やワイン酵母とは異なる酵母群である。この清酒酵母の生態系の形成は世界に類をみない神秘的な現象である。これは米, 米麹を原料とする環境特性に起因する。麹菌と同様に清酒酵母も「国菌」の仲間に入れてもらいたい。

　本書は清酒酵母を初めて分離し*Sacch. sake*と命名され, 東京農大でも教鞭をとられた矢部規矩治先生に捧げる本でもある。

目　次

まえがき

第1章　清酒酵母（*Saccharomyces sake*）の分類学

Ⅰ．清酒酵母分類学の衰退を憂う ……………………………………… 3

Ⅱ．"The yeasts, a taxonomic study" の分類書における *Sacch. sake* …… 9

　1．"The yeasts" の初版と2版 ……………………………………… 9

　2．"The yeasts" の3版と4版での *Saccharomyces* 属の変遷 ………… 10

Ⅲ．*Sacch.* sensu stricto における *Sacch. sake* ……………………………… 16

　1．分類試験に用いた酵母 …………………………………………… 16

　　①*Sacch. sake* ………………………………………………………… 16

　　②*Sacch. cerevisiae*, *Sacch. bayanus*, *Sacch. pastorianus*,

　　　Sacch. paradoxus ……………………………………………… 24

　2．key character（The yeasts, 4版, 1998）による分類 ………… 30

　3．清酒「もろみ」での酵母生菌数及びアルコール生産の差異 ……… 40

　4．清酒「もろみ」での高泡形成の差異 …………………………… 47

　5．カリ欠培地での増殖、イーストサイジン耐性、

　　細胞表層荷電（pH3.0）及び抗原構造No.5の差異 ……………… 50

Ⅳ．Original name, *Saccharomyces sake* の復活は可能 ……………… 55

Ⅴ．酒蔵外からの清酒酵母の分離 …………………………………… 61

第2章　口かみ「もろみ」の研究

Ⅰ．口かみ「もろみ」の発酵と微生物 ……………………………… 69

　1．一般分析値及び酵母と乳酸菌の消長 …………………………… 69

　2．口かみ「もろみ」に添加した清酒酵母の消長 ………………… 83

　3．石垣島の稀薄口かみ「もろみ」の再現 ………………………… 95

あとがき

第1章

清酒酵母（Saccharomyces sake）の分類学

Ⅰ. 清酒酵母分類学の衰退を憂う

1. *Saccharomyces sake* を記載しただけで軽視，軽べつされ専門誌に投稿しても内容のいかんに問わず拒否されるのが，今日この頃である。日本で初めて分離した清酒酵母に矢部が，命名した学名であることさえ知らない人が多くなった。清酒酵母の original name として *Sacch. sake*（sym：*Sacch. cerevisiae*）の使用は認めてもよいと思うのだが。酵母の分類書 "The yeasts, a taxonomic study" では *Sacch. cerevisiae* の synonym として *Sacch. sake* が記載されて，分類試験（origin of the strains studied）にも用いられてきたが 4 版（1998）に至っては試験株にも使用されなくなった。国外の分類学者に忘れられようとしているが，これは国内の研究者にも責任がある。そして 4 版の分類書では清酒酵母の学名は宙に浮いている状態である。*Sacch. sake*（Yabe）が試験に用いられていたら清酒酵母の特異性が認められたと思うのだが残念である。

2. 清酒酵母の定義：米，米麹，水を原料とする清酒「もとみ」の環境に優位に生育する酵母群である。この酵母群がワイン酵母，ビール酵母などとどのように区別できるか，これが戦後（昭和27〜28年前後）の研究課題であった。長い期間を経て明らかに区別できる形質を見出した。清酒「もろみ」には清酒酵母のみが，ワイン「もろみ」には清酒酵母は存在せず，ワイン酵母のみが例外なく生息していることを確認した。このように生態系を重視することによって定義される。

ワイン酵母，ビール酵母も清酒「もろみ」に増殖して発酵する能力をもっており，将来はワイン「もろみ」から分離したワイン酵母で清酒を造る可能性がある。清酒酵母を *Sacch. sake* に限定するのはおかしいと言う人もいる。これは実用面からの発想であって分類学ではない。

3. 形質導入，交配，変異などによる育種株は分類学の対象としない：細胞質導入によるキラー酵母，反復戻し交配による優良キラー酵母，自然突然変異細胞を特殊な方法で分離したアルコール耐性酵母や泡なし酵母などがあ

る。しかし，これらの菌株は分類学，同定の対象株としないのが分類学である。Sacch. cerevisiaeとSacch. bayanusとの雑種株と考えられる菌株に種名を与えるのは分類学的に不適当と考えられ，種名を与えられなかったこともある（現在は，Sacch. pastorianusの種名）。

　筆者らは，清酒酵母の高泡形成をSacch. sakeのkey characterとしている。現在の酒造界では，泡なし酵母を使用している蔵が多いので高泡形成有無の形質を清酒酵母の特性とするのは，おかしいとの意見がある。先にも述べたように，これらの泡なし酵母は変異した細胞を人為的にとり出した菌株であることを認識してもらいたい。

　焼酎・泡盛「もろみ」や自然界からは泡なし酵母が分離できるが，清酒「もろみ」からの野生分離酵母は99％が高泡形成株である。このmicrofloraの形成に注目したい。外国人にSacch. sake の高泡形成を見せると納得し驚いている，しかも簡単な方法である。しかし清酒酵母の高泡形成は清酒「もろみ」だけであり麦汁やぶどう汁では形成しないのでビール酵母やワイン酵母と同様に表面に低い泡を発生するだけで区別できない。清酒酵母の特異的な高泡形成が見られるのは，清酒「もろみ」を造ることのできる日本の研究室と酒蔵だけである。國内の研究者は，この点を強く認識してもらいたい。

　4．野生酵母が酒蔵で順応して清酒酵母となった。これを分離，保存して分類試験をやっても元の野生に戻るから意味がない：この様な意見をもっている人が意外に多いが誤った見方である。後で述べるが酒蔵外の自然界にも清酒酵母が生息し，また「米麹」から分離して100数年も経過した清酒酵母がアルコール21〜23％を生産し，分離当時の酵母と同じ形質である。因に使用したSacch. sake（Yabe）は1895年の分離である。

　現在，世界各国で使用されている下面発酵ビール酵母は，ほとんどが19世紀末にデンマークのカルスベルグ醸造所で純粋分離された，たゞ1個の純血酵母が元祖になっていると言われている（大内弘造：酒と酵母のはなし，技報堂出版（1997））。勿論，前記の清酒酵母より古い酵母が使用されている。

　5．清酒酵母とSacch. cerevisiae間のDNA相同性に変りがないのにSacch.

sakeとは：Sacch.属"種"ではDNA交雑試験によるDNA相同性（類似度）が分類に採用されている。DNA類似度の低い菌"種"間では生理試験による違いが検討されkey characterとして導入する努力がなされている（The yeasts, 4 th ed., 1998）。清酒酵母とSacch. cerevisiae間の類似度は70％以上である（近縁種または同種とみなす）。しかし安定した多くの形質で区別されることを見出しているが，表現形質に関係のない塩基配列のイントロンなどをどのように考えるかを含めて検討すべき問題提起でもある。DNA類似度はあくまでも補足的なもので，絶対的なものでないことを認識してもらいたい。

分類と識別の断想

　1960〜1970年はわが国高度経済成長初めの頃で，…外国（英）からは日本の麹菌によく似たカビがAflatoxinという強力な発ガン性物質を作ることが発表される（1960）など，わが国醸造産業の根底を揺さぶる問題が多発した時代でもあった。

　私達はその関係する実業界の問題をなんとかして乗り切ってきたが，その内在性の広さと深さを忘れることはできない。研究の古さは経過年数の長さに由るものではなくそれがなんらかの方法で研究否定されない限りはそのままである。私が実務を離れ，醸造試験所（現・研究所）を退いてから7年を経たころ（1982年），米国Wyoming大学Prof. M. ChristensenからAspergillus toxicariusというカビとその出所を詳しく誌した手紙を送っていただいたが，鏡検してびっくり，初めの記載を完全に満たして余りある見事な新種であった。

　しかしこの頃は，当然のことながら，微生物利用の研究は変異や遺傳子のいわゆるBiotechnologyが主であり，外国ではDNA相同性が100％近いとの理由で多くの麹菌も非麹菌（野生株）と区別できないというものもあり，国内でも麹菌のアフラトキシンについてという標題の解説記事も出る（1989年）しまつである。

　私は日本醸造協会創立80周年記念事業の一つとして，「麹学」という本を共著出版（1986年）させていただいて分類を受け持ったが，一部はもう少し簡略になりそうに思う。例えば先ず，A. oryzaeの下にいろいろの変種名var.を付しても余り意味はないが，A. oryzae var. oryzaeの中には産業上面白い株もある。次には，国内外1000に近い黄緑アスペルギルス類Yellow Green Aspergilliの中にただ1株（**外国産**）だけいずれにも属し得ない珍しいものがあったが，これを除外すればA. sojaeは小突起分生子のピンク不着色（アニスアルデヒド培地）という点だけでよく区別される。これに対して，絶対に簡略できないのは，梗子の配列を徹底的に調べて**少しでも復列**がある株と全部単列のみの株とを峻別することであり，少しでも復列梗子（メトレ）があり且つ分生子に小突起がある株はA. toxicariusである。

> 思えば分類は人間生活の中で誰もが毎日行っている生き方のパターンそのものである。ゲノム分析による**系統的分類法**と菌株相互の**個別認識法**との間の断層はいつになったら落ち着くであろうか。
>
> (村上英也：醸協, **94**(4), 324 (1999))

　マスコミの「DNA鑑定」という言葉自体が，科学的で絶対のものと思わせるイメージがあって指紋以上に個々人を識別できる鑑定だと思わせる風潮がある。酵母の分類においても同じであって形質の違いなど全く無視する傾向にあるが，現在は少し認識も変りつゝある。中瀬は，DNA相同性は原則論を述べただけで実際は生理試験に基づいて分類されている，と指摘している（中瀬崇：化学と生物, **27**, 332-339, 1989）。

　GC％による分類が導入された当時（昭和40年前後）は，GCのデータが当時の分類学の知見に合致するかどうかを検討しようとするのに対し本末転倒であると言われ，形質を無視しGC一辺倒の風潮さえあった（金子大吉：醸協, **83**(6), 384-389, 1988）。発酵研究所がDNA相同値に基づいて同定した*Sacch. cerevisiae*（類似度70％以上）のGC含量は35.6～40.2％，同"種"間でもその変動範囲は4.6％である。

> 　DNA相同性から真性火落菌の*L. heterohiohii*は*L. fructivorans*に，*L. homohiochii*は*L. acetotolerance*に同定されているが，前者の*L. fructivorans*はメバロン酸の要求性や好アルコール性を示さず，アルコール15％以上の清酒に生育するかのデータはない。後者の*L. acetotolerance*については，火落菌の特性とする性質はすべて明らかでない。
>
> (百瀬洋夫：酵母からのチャレンジ, P90, 技報堂 (1997))

　6．*Sacch. sake*の特異的な形質は，酒造りに関係あるのか：清酒酵母の特性を見出し，学名に*Sacch. sake*が妥当であることを主張しているが，意外なことにその形質は酒づくりに関係あるのか，そうでないと*Sacch. sake*を唱えるのはおかしいと言う意見である。*Sacch.*属"種"のkey characterに「発育温度」，「ビタミン要求」，「シクロヘキシミド耐性」，「フラクトース能動輸送」などの形質が導入されているが，その理由を問うのと同じである。分類学，

同定においては採用した形質の理由や機能は問題視しない。安定した形質で"種"間を明確に区別できれば，どんな形質でも採用してよい。清酒酵母と言えども酒づくりとの関係は考慮しないのが分類学である。清酒酵母が何故，清酒「もろみ」だけに生育するのかその要因を解明したいのは当然であるが，これは他の分野での研究テーマである。酒づくりと関係ある形質でないとだめと言うのは，分類学での同定では通用しない。

　酒づくりは，世界に類をみない独特の環境，そこに住つくのは特異性をもった酵母である。なんでもよいから区別できる形質を見つけよ，と指導して下さったのが分類学者の北原覚雄，塚原寅次，小玉健吉の諸先生方であった。

　7．Taxonomy（分類学）とIdentification（同定）および学名と実用との名称を混同されている本論文は，当会誌掲載に適当でないので返却する（平成12年）：清酒酵母（Sacch. sake）が，"The yeasts, a taxonomic study（1〜4版）"の分類書でどのように扱われているか，そして1998年発行の4版における清酒酵母の学名の位置付（4版では不明）を醸造関係者に知ってもらうために投稿した解説（本書，p9〜p15）に対する拒否文である。

　初めは全く意味が分からなかったが，関係者と話しあって考えてみた。最初の「分類学と同定を混同」の意味するところは，日頃の発言から形質に違いがあっても酒づくりに関係のない形質だからSacch. sakeの同定は間違っている，と言うことであろう。

　次の「学名と実用との名称の混同」は，良い酒をつくる実用酵母（吟醸酵母）とそれ以外の野生酵母とは異なるので学名も違うと言うことである。それにしても投稿文の内容とは関係のない拒否理由であり，支離滅裂である。そして4版での分類では，清酒酵母の学名（Sacch. cerevisiaeでもない）が宙に浮いていることにも全く興味がないらしい。

　矢部規矩治博士は，清酒酵母を始めて分離（1895）しSacch. sakeを命名しただけでなく大蔵省鑑定官として醸造試験所を設立に多大の貢献をした。その他，日本醸友会を設立し会長をつとめ，また全国酒造組合中央会顧問として酒造界の発展に尽された。そして我国の微生物学の先覚者でもある。筆者

は*Sacch. sake*の特性を見出したことで，矢部先生への恩返しになったと自負している。

　筆者らの研究について麹菌の分類学者，元醸造試験所長の村上英也博士から「矢部先生にお見せしたい論文であり，やはり日本人がやらなければできない貴重な研究と思います」とのお手紙を頂いたことがある（昭和50年）。

　清酒酵母の分類学に興味をもつ人が少なくなったこともあるが，何故*Sacch. sake*の学名に聞く耳を持たず，理由もなく排他的になるのか。清酒酵母分類学の衰退も甚だしい。

　矢部先生の胸像は，試験所構内のあの赤レンガの建物の北側にあります。まあ試験所の所長さん，あるいは研究室の方々を睥睨（ヘイゲイ）し叱咤激励しているようにみえます。一度，ご覧願って敬意を表していただきたいと思います（渡辺八郎，奥田教広：醸造論文集，日本醸友会50周年記念特集号，昭和54年）。

Ⅱ. "The yeasts, a taxonomic study" の分類書におけるSacch. sake

　酵母分類学の基準書と言っても過言ではない"The yeasts, a taxonomic study"（以下，"The yeasts"と略）は初版（J. Lodder and N. J. W. Kreger. van Rij編）が1952年，2版（J. Lodder編）1970年，3版（N. J. W. Krger-van Rij編）1984年，4版（Cletus P. Kurtzman and Jack W. Fell編）が1998年の発刊である。

　米麹から古在と矢部[1]が清酒酵母を初めて分離し，1897年に矢部[2]がSaccharomyces sakeと命名した。本菌株がSacch sakeの基準株（type strain）である。中沢[3]は1909年，「もと」から分離した2株の清酒酵母にSacch. tokyo, Sacch. yedoと命名した。以上の3株が米麹と「もと」から分離され，しかも分離当時の性質も明らかにされており歴史的にも，生態的にも清酒酵母の代表株である。

　筆者は清酒酵母の学名は，矢部が命名したSacch. sakeが妥当であると主張[4]している。色々と意見があることも承知である。本文ではSacch. sakeの学名を用いて清酒酵母の分類学を記述するので理解願いたい。

1．"The yeasts"の初版と2版

　前記の清酒酵母3株は初版のなかで，次のように述べられている。Sacch. sake Yabeは古在と矢部[1]が1895年に米麹から分離し，1897年に矢部[2]がSacch. sakeと命名した。細胞は連鎖しない円形（6 - 12μ）で内生胞子1 - 3ケを形成する。そして発酵性糖はglucose＋, galactose＋(weak), sucrose＋, maltose＋, lactose－, raffinose＋ 1/3であることが，文献から引用して記載されている。そしてStelling-Dekker[5]が1931年，本菌株をSacch. cerevisiaeに同定したことを紹介している。2版でも同様にSacch. cerevisiaeのsynonym（異名）として記載された。

Sacch. tokyo Nakazawaと*Sacch. yedo* Nakazawaは酒蔵（manufacture of "Sake"）から分離され，*Sacch. tokyo*の細胞は円形（1.2-3.2μ），楕円形又は長楕円形（2-9）×（3-14）μで細胞は大きく，液体培養での島状の皮膜は器底に沈下する。内生胞子は円形で1-4ケを形成する。そして発酵性糖はglucose＋，galactose＋，sucrose＋，maltose＋，lactose－，raffinose＋1/3。一方，*Sacch. yedo*は円形（3.2-6μ），楕円形又は長楕円形～ソーセィジ形で細胞は大きく，液体培養では光沢性の被膜を形成する。内生胞子と発酵性糖は*Sacch. tokyo*と同じである。と記載されている。

初版では糖類の発酵性と資化性，細胞や胞子の形状などの性質から*Sacch.*属は30"種"3"変種"に分けられているが，*Sacch. tokyo* Nakazawaと*Sacch. yedo* Nakazawaは細胞が楕円形であることから*Sacch. cerevisiae* var. *ellipsoideus*のsynonymとして記載された。前記では分離源が"酒蔵"と記載されていたが，"変種"（variety）のoriginを紹介したところでは，「中沢（日本）から1934年に受理した*Sacch. yedo*と*Sacch. tokyo*は，中沢が酒蔵の"もと"（"moto" used in the manufacture of *sake*）から分離した」と記載されている。

1970年発刊の2版では103株が試験に用いられているが，前記の清酒酵母3株も含まれている。分類の基準となる糖類，炭素源の種類も多くなり*Sacch.*属は41"種"，6"変種"に増えたが，細胞形態を重視しなくなったことから，*Sacch. yedo* Nakazawaと*Sacch. tokyo* Nakazawaは，*Sacch. sake* Yabeと同様に*Sacch. cerevisiae*に同定された。

2．"The Yeasts" 3版と4版での*Saccharomyces*属の変遷

1984年発刊の3版が，生理的性質を分類の基準としているのは初版，2版と同じである。基準項目が少なく，特に糖類の発酵性を重視しなくなったのが特徴で，*Sacch.*属は7"種"となった。Table 1. でも分かるようにethylamineとcadaverineの資化，cycloheximide（抗生物質）耐性，sucroseとmaltoseの資化そしてTable 1. にはないが細胞の大きさ，内生胞子の性質などが

Table 1 From "Some properties of the species of the genus *Saccharomyces* (The yeasts, 3 rd ed. 1984)"

	Assimilation									Growth in presence of cycloheximide		Growth at 37℃	Average G+C
	Ga	Su	Ma	Ra	Me	Ce	Ety	Cad	Lys	100 ppm	1000 ppm		(mol%)
Saccharomyces													
cerevisiae	v	v	v	v	v	−	−	−	−	−	−	v	39.5
dairensis	+	−	−	−	−	−	−	−	−	+	(−)	+w/−	37.9
exiguus	+	+	−	+/s	−	−	−/+w	−	−	+	(−)	−	34.0
kluyveri	+	+	+/s	+	+	v	+	+	+	−	−	+	40.0
servazzii	+	−	−	−	−	−	−	−	−	+	+	v	34.7
telluris	−	−	−	−	−	−	−	−	−	−	−	+	33.0
unisporus	+	−	−	−	−	+	+	+	+	+	+	−/+w	32.5

Ga = galactose, Su = sucrose, Ma = maltose, Ra = raffinose, Me = melibiose, Ce = cellobiose, Ety = ethylamine・HCl, Cad = cadaverine・2 HCl, Lys = L-lysine.

Table 2 From "physiological race of *Saccharomyces cerevisiae* given species status in the 2 nd ed. "The yeasts, (The yeasts, 3 rd ed. 1984)"

	Fermentation					
	Ga	Su	Ma	Ra	Me	St
Saccharomyces						
aceti	−	−	−	−	−	−
bayanus	−	+	+	+	−	−
capensis	−	+	−	+	−	−
cerevisiae	+	+	+	+	−	−
chevalieri	+	+	−	+	−	−
coreanus	+	+	−	+	+	−
diastaticus	+	+	+	+	−	+
globosus	+	−	−	−	−	−
heterogenicus	−	+	+	−	−	−
hienipiensis	−	−	+	−	+	−
inusitatus	−	+	+	+	+	−
norbensis	−	−	−	−	+	−
oleaceus	+	−	−	+	+	−
oleaginosus	+	−	+	+	+	−
prostoserdovii	−	−	+	−	−	−
steineri	+	+	+	−	−	−
uvarum	+	+	+	+	+	−

Ga = galactose, Su = sucrose, Ma = maltose, Ra = raffinose, Me = melibiose, St = soluble starch.

分類の基準となっている。

a）生理試験は分類の基準とは成らないとは？：

3版での特徴はSacch.属の"種"が少なくなったことである。特にTable 2.に示してあるように，それまでに独立した"種"として認められていた17"種"が Sacch. cerevisiae に統合されたことである。これは糖類発酵性と資化性

を重視しなくなったことによる。またTable 1. でも記載されているように*Sacch. cerevisiae*は他の"種"とは異なりgalactose, sucrose, maltose, raffinoseの資化性を"V"（variable）でまとめてある。"V"は一定でない不安定，信頼性がないと解釈される。即ち3版で*Sacch. cerevisiae*に統合された菌株（Table 2）は，上記の糖類発酵性に再現性がないか，又は＋or－の性質[6]であることを意味している。現在もそうであるが，「酵母の分類は，生理試験ではだめ」との風潮が広がった一つの要因でもある。しかし前記で述べたように*Sacch.*属の7"種"は，生理試験が分類の基準であった。

b）GC含量は*Sacch.*属の分類基準ではない：

GC含量が分類に採用されるようになったのは昭和40年頃である。*Sacch.*属でもGC含量による分類が行われた。3版では，7"種"のGC含量（％）が表に記載（本文Table 1.）されている。*Sacch. cerevisiae*，*Sacch. kluyveri*のGC（％）が39.5と40.0。*Sacch. exiguus*，*Sacch. servazzii*が34.0と34.7。*Sacch. telluris*，*Sacch. unisporus*が33.0と32.5である。このようにGC含量は*Sacch.*属の各"種"間の区別基準とはなっていない。

c）"種"は細胞間交配とDNA-DNA相同性で区別されているとは？：

*Sacch. cerevisiae*の標準記載（standard description）のコメントで「交配とDNA相同性で*Sacch. cerevisiae*が統合されている」と記載されているが，実際は各"種"の説明のなかでは"種"間のDNA相同性はふれてない。このことについて中瀬[7]は明確な原則を示されただけで実際は個々の"種"については従来の形態学的性状や生理・生化学的性状に基いて区別されている，と指摘している。

分類学は個々の菌株を同定することにある。細胞間交配試験は，まず活性ある内生胞子を形成させることが前提となる。しかし長期保存で胞子形成能が退化するのが多い。しかも同定試験ではtype strainの胞子形成が必要である。*Sacch.*属のなかには100年以上も保存され胞子形成が困難なのが多い。このような事から交配試験も原則論であって実際は分類の基準には採用できない。

Table 3 From "Key character of species of the genus *Saccharomyces* (The yeasts, 4 th ed. 1998)"

Species	Fermentation[a]			Assimilation[a]									Growth[a]				Frc[b]
	Su	Raf	Tr	Carbon source						N source			Cychx 1000	30℃	37℃	Vit-free	
				Su	Ma	Raf	DRi	Eth	DM	Cad	Ety	Lys					
Saccharomyces																	
barnettii	+	+	s	+	−	+	−	−	−	−	−	−	−	−	−	−	n
S. bayanus	+	+	−	+	+	+	−	+	v	−	−	−	−	+	−	+	+
S castellii	−	−	−	−	−	−	+/v	−	−	−	−	−	−	+	v	−	n
S. cerevisiae	+	+	−	+	+	+	−	−	+	−	−	−	−	+	v	−	−
S. dairenensis	−	−	−	−	−	v	v	−	−	−	−	−	−	+	v	−	n
S. exiguus	+	s	+	+	−	+	−	s	−	−	−	−	v	+	−	−	n
S. kluyveri	+	+	−	+	+	+	−	+	+	+	+	+	−	+	+	+	n
S. paradoxus	+	+	−	+	+	+	−	+	+	−	−	−	−	+	+	−	−
S. pastorianus	v	+	−	+	+	+	−	+	+	−	−	−	−	+	−	−	+
S. rosinii	−	−	−	−	−	−	−	−	−	−	−	−	−	−	−	−	n
S. servazzii	−	−	−	−	−	−	−	−	−	−	−	−	+	+	−	−	n
S. spencerorum	−	−	+	−	−	+	−	−	−	+	+	+	−	+	+	−	n
S. transvaalensis	−	−	−	−	−	−	v	−	−	v	−	v	−	−	−	−	n
S. unisporus	−	−	−	−	−	−	+	−	−	+	+	+	+	+	v	−	n

[a] Abbreviations: Su, sucrose; Raf, raffinose; Tr, trehalose; Ma, maltose; D-Ri, D-ribose; Eth, ethanol; DM, D-mannitol; Cad, cadaverine・2 HCI; Ety, ethylamine・HCI; Lys, L-lysine; Cychx 1000, indicates resistance to 1000 ppm cycloheximide in the medium; Vit-free, growth in vitamin-free medium
[b] Presence of a fructose transport system; n, not determined.

Sacch. sake Yabe, *Sacch. tokyo* Nakazawa, *Sacch. yedo* Nakazawaは2版と同様に*Sacch. cerevisiae*のsynonymに記載されている。実験株がbreweries(18), wine (33), berries (1), palm wine (1), ……*sake-moto* (3), grape must (6), yeast cake (1), ……の形式で記載されビール酵母, ワイン酵母が多い。清酒酵母3株が前記の3株であるとすれば, *sake-koji* (1), *sake-moto* (2) のはずだが？。

1998年発刊の4版では主に生理的性質が採用され基本的には3版と同じである。Table 3. でも分かるように糖類の発酵性, 発育温度, ビタミン要求性などがkey characterとして追加採用されている。3版では, 清酒酵母を始め多くの醸造酵母が, *Sacch. cerevisiae*に統合されていたがD-mannitol資化, 発育温度, ビタミン要求, フラクトース能動輸送の性質から*Sacch. cerevisiae*, *Sacch. bayanus*, *Sacch. pastorianus*, *Sacch. paradoxus*（*Sacch.* sensu stricto）

の4"種"に分けられた。またSacch. castellii, Sacch. transvaalensis, Sacch. dairenensisの3"種"をD-riboseの資化性の他にPFGE核型の染色体数と泳動距離をkey characterとして区別している。

各"種"形質記載のなかで発酵性糖が8種類，炭素源資化性では38種類の性質が記載されている。炭素源は2版の31種類より多い。その他，GC（％）が記載されているが3版と同様である。またユビキノンの項目を設けてあるが"not determined"が多く，記載してあるのはSacch. cerevisiaeと同様に"CoQ：6"である。

DNA相同値（intermediate value of nucleotide sequence homology）は一部コメントで記載されているが，Sacch. cerevisiae sensu Yarrow（3版）が4"種"に分けられた酵母については，Sacch. bayanusとSacch. pastorianusが72％。Sacch. cerevisiaeとSacch. pastorianus，Sacch. paradoxusが約50％。Sacch. bayanusとSacch. cerevisiae及びSacch. paradoxusとSacch. bayanus又Sacch. pastorianusは低い相同性であると記載されている。このようにコメントで述べているが具体的でない。中瀬[7]が指摘した様に4版でも生理・生化学的性質に基づいて区別されている。

Sacch. cerevisiae sensu YarrowをDNA相同性で4"種"に区別[8,9,10]し，そして4版でSacch.属の執筆を担当し，主に生理的性質を基準にして区別したのも同じVaughan-Martiniらである。金子[11]は，DNA解析が進んでいるSacch.酵母でもやはり表現形質を分類基準とする方法が提案されているのが現状であると述べている。細菌分類学で，鈴木[12]は16SrRNAによる系統分類の重要性もわかるが，あまりにこれに依存し過ぎてかえってわかりにくい分類体系になったり，普通の方法では同定できなかったりするようでは学名ユーザーとして微生物学者はついてきてくれない。こういう点も考慮して，わかりやすい分類体系を慎重に構築するのが分類学者の義務であると述べている。Sacch.属の分類においても4版ではこのような配慮がなされたのではなかろうか。

清酒酵母の3株は，Sacch. cerevisiaeのsynonymとして記載されているが，

3版までは実験に用いられていた清酒酵母は4版では用いられていない。勿論，分離源の記載もない。分離源を記載することは，分類学において生態系を重視したものと思うが，世界には見られない日本酒独特の「もと」，「もろみ」の環境のみに繁殖する清酒酵母が忘れられようとしている。そして4版で示されたkey characterによる*Sacch. sake*の位置付けは不明である。

文　献

1) Kosai, Y., and Yabe, K.；Central, f, Bakt., II, 1, 619-620（1895）
2) Yabe, K.：Bull. Imp. Univ. Coll. Agr. Tokyo, 3, 221-224（1897）
3) Nakazawa, R.：Central. f. Bakt., II, 22, 529-540（1909）
4) 竹田正久，塚原寅次：発工，53（3），103-111（1975）
5) Stelling-Dekker, N. M. "Die sporogenen Hefen." Verhandel. Koninkl. Akad. wetenschap. Afd. Natuurkund, sect. II, 28, 1-547（1931）
6) コーワン微生物分類学事典（S. T. コーワン著，L. R. ヒル編：駒形和男，杉山純多，安藤勝彦，鈴木健一朗，横田明訳）学会出版センター（1998）
7) 中瀬崇：化学と生物, 27, 332-339（1989）
8) Vaughan Martini, A., and C. P. Kurtzman：Int. J. Syst. Bacteriol. 35, 508-511（1985）
9) Vaughan Martimi, A., and A., Martini：Antonie van Leeuwenhoek. 53, 77-84（1987）
10) Vaughan Martini, A.：System. Appl. Microbiol. 12, 179-182（1989）
11) 金子喜信：化学と生物, 32（10），641-645（1994）
12) 鈴木健一朗：生物工学, 73, 429（1995）

Ⅲ. Sacch. sensu strictoにおけるSacch. sake

1. 分類試験に用いた酵母

①sacch. sake

　酵母の分類書"The yeasts a taxonomic study"は4版まで発刊されている。そのなかで清酒酵母が属するSaccharomyces属"種"は3版，4版を通して交配，GC, DNA homologyの性質は原則が示されただけで，具体的でなく従来通りの生理・生化学的性質に基づいて区別されていることを前報で紹介した。そして4版で示されたkeyによる清酒酵母の位置付は不明である。清酒酵母がどのような挙動を示すか，これを明らかにすることは清酒醸造に携わる研究者の義務でもある。

Table 4　*Saccharomyces sake* sensu Yabe (sym: *Sacch. cerevisiae* complex Vaughan-martini & Martini) used in this study.

Strains number	Species-original name	Isolation years	Isolation source
IFO			
0304^T	*S. sake** (1897)	1895	*sake-ricekoji*
0244	*S. tokyo** (1909)		*sake-moto*
0249	*S. yedo** (1909)		*sake-moto*
0309	*S. sake*		
ATCC			
32694	*S. sake*	1953	*sake-kimoto*
32695	*S. sake*	1961	*sake-oribiki*
32696	*S. sake*	1968	*sake-mash*
32697	*S. sake*	1968	*sake-mash*
32698	*S. sake*	1968	*sake-mash*
32699	*S. sake*	1968	*sake-mash*
32700	*S. sake*	1968	*sake-mash*
32701	*S. sake*	1968	*sake-mash*
32702	*S. sake*	1968	*sake-mash*
32703	*S. sake*	1968	*sake-mash*
Kyokai			
No.7		1946	*sake-shinsyu*

T : type strain,
*Indicate type strain of original name.

Fig. 1 From "IFO, LIST OF CULTURES. 9 th ed. (1992)"

0304	(1946) (Saccharomyces sake): HUT 7119–GIB, B–5. [Kosai, Y. & Yabe, K., Centr. Bakt. Parasitenk. Abt II, 1 : 619 (1895), Kosai, Y., ibid 6 : 385 (1900), Yabe, K., Bull. Imp. Univ. 3 : 233 (1897)] Medium 101. 28C.
0244	(1941) (Saccharomyces tokyo): GRIF (R. Nakazawa). [Nakazawa, R., Zentr. Bakteriol. Parasitenk. Abt II 22 : 529 (1909)] Medium 101. 28C.
0249	(1941) (Saccharomyce yedo): GRIF (R. Nakazawa). [Nakazawa, R., Zentr. Bakteriol. Parasitenk. Abt II 22 : 529 (1909)] Medium 101. 28C.
0309	(1946) (Saccharomyces sake): HUT–GIB (strain Sikenzyo). Medium 101. 28C.

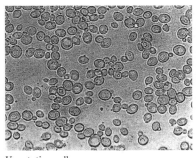
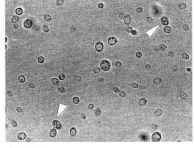

Vegetative cells.　　　　　　　　　　Ascospore.
(for 3 days at 25℃ in YM liquid).　　(after 7 days at 25℃ in V・8 agar)

Fig. 2　*Saccharomyces sake* Yabe (1897) IFO 0304. (1998, observation).

3版での*Sacch. cerevisiae* sensu Yarrowは，4版で4 "種" に分けられたが，筆者らがこれから主張する清酒酵母の特性を加えると*Sacch.* sensu strictoは*Sacch. cerevisiae，Sacch. bayanus，Sacch. pastorianus，Sacch. paradoxus*及び*Sacch. sake*の5 "種" となる。そのためには，*Sacch. sake*が他の*Sacch.* s. str. とどのように区別されるかを示さねばならない。今回は比較試験に用いた清酒酵母（Table 4.）について述べる。

　a）基準株（Type stnain）の*Saccharomyces sake* Yabe (1897) IFO 0304
　前報で述べたように日本で最初に分離され，*Sacch. sake*と命名された菌株である。"IFO, LIST" には発表された文献が記載されている（Fig. 1）。分離源は清酒酵母の生存が少ない米麹[1]であるが，矢部[2]は麹を培養液に移植すれば酵母が生ずるので純粋培養をして，その性質を検査するに "もと" 及

び"もろみ"中に存在するのとすこしも異なる点が見られないと述べている。このことからIFO 0304は米麹を加えた集殖培養で分離されたと思われる。米麹に存在する酵母が清酒酵母の起源であることを見出した研究でもあったが，IFO 0304株は生態系でも清酒酵母と言える。

　細胞と内生胞子をFig. 2に示した。細胞は円形～短卵形で，分離当時の円形（The yeasts, 初版）と変わりなかった。胞子形成は困難であったが，麹汁に振盪培養[3] 3日間の間隔で6～7回植代えしてV・8寒天培地に移植し，培養後観察した。僅かであるが胞子2ケを形成した子のう細胞が見られた。

b）*Saccharomyces tokyo* Nakazawa（1909）と *Sacch. yedo* Nakazawa （1909）

　前記のIFO 0304と同様に歴史的にも清酒酵母の代表株である。"IFO, LIST"に文献を引用して記載されている（Fig. 1）。その他，IFO 0309（strain Sikenzyo）を用いたが"LIST"では（ ）内に*Saccharomyces sake*と記載されている（Table 4.）。尚，IFO 0304を始めとしてこれらの菌株は，協会7号酵母とはパルスフィールド・ゲル電気泳動核型パターンで異なっていた（Fig. 3）。

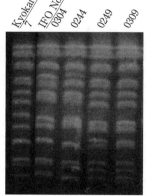

Fig. 3　PFG karyotype of *sake* yeast（IFO No.）

c）*Saccharomyces sake* ATCC no.

　筆者ら[4]が1975年（昭和50年），発酵工学雑誌に"清酒酵母（*Saccharomyces sake*）の分類学的研究"の標題で発表した。同年，ATCC（American Type Culture Collection）から同誌に発表した酵母10株（*Saccharomyces sake* 10 typical）を送るように要請があった。早速，10株を送った。翌年（1976年）4月にATCC accession numberの通知があり"ATCC, CATALOGNE"に記載された。*Sacch. sake*の学名を用いた投稿文が受理，記載されたことで，矢部が命名したoriginal name の*Sacch. sake*が再認識されたと自負している。

Table 5 Some properties of strains of ATCC number and Kyokai No.7 of *Sacch. sake*.

Strain number	Formation of ascospore	Formation of pellicle in YM medium	Assimilation		Growth	
			α-M-D	Gly	K・free medium	B₆・deficient medium[1]
ATCC						
32694	+	w	+	+	+	+
32695	w	−	−	+	+	+
32696	w	w	+	−	−	+
32697	+	♯	+	+	−	+
32698	+	−	−	−	+	+
32699	+	♯	−	+	−	+
32700	+	w	−	+	−	+
32701	+	w	+	+	+	+
32702	+	w	−	+	+	+
32703	+	+	−	+	+	−
Kyokai No.7	−	♯	+	+	+	+

α-M-D：α-methyl-D-glucoside. Gly：glycerin. K：potasium. B₆：pridoxine-HCl. W：weak.
1) Containing casamino acid as nitrogen source.

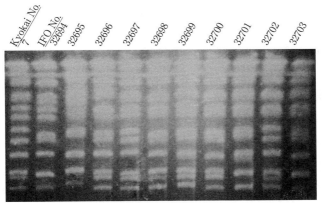

Fig. 4 PFG karyotype of *sake* yeast（ATCC No.）

Table 5.に送付したATCC no.株とその性質を示した。送付にあたり神経を使ったのが10株の選択であった。分離当時は全国の酒蔵が主に協会酵母の6号と7号を添加していた。"もと"や"もろみ"から分離しても多くは添加酵母の6号，7号が再釣菌されているので野生の清酒酵母との区別をしなくてはならない。まずTable 5.に示した性質のほか麦汁での繁殖状態や巨大集落などの性質から10株間を区別して選んだ。そして，これらの菌株と協会酵母の違いを確認した。

協会酵母は内生胞子を形成しにくく，液体培地でリング，皮膜を形成しやすい特徴がある。そして，その他の性質（Table 5.）の違いを導入して協会酵母と区別した。その後，酸性ホスファターゼの性質（Table 6.）[5]，及び核型のパターン（Fig. 4）からATCC no 10株のなかには協会酵母は含まれないことが確認された。尚，ATCC 32695は"おり引"中，酒の表面に薄く島状に形成された膜から分離した。

d）協会7号酵母

現在，日本醸造協会から配布されているのは協会6号酵母，7号，9号，10号，14号，15号（1501号）である（人為的変異株，交配株は除いた）。これらの酵母は分類学的にどのように異なるだろうか。

協会6号酵母は秋田県の新政酒蔵から分離された。6号（AR・C号）の仕込試験を昭和7年に行ったことが報告[6]され，日本醸造協会から昭和10年度酒造期より協会6号酵母として発売した。と記載[7]されている。昭和5年（1930年）分離，10年発売とする池見[8]の報告が妥当である。6号酵母については，分離年数と発売年数が混乱しているようである。

協会7号酵母は長野県の眞澄酒蔵から昭和21年に分離された。分離源は，昭和21年の醸造協会雑誌41巻，7-8号1頁に掲載された広告文に「7号酵母は本春優良新酒より分離した芳香発生の強い酵母」と示されている。7号酵母の分離源を示した唯一の記載である。7号酵母を分離した塚原[9]が「酒造場の酒母及びもろみ，或いは新酒の滓(オリ)より酵母を分離……」（7号酵母の分離についての話ではない）と解説した文章がみられる。7号酵母の分離源の新酒は，"おり"であったと思われる。

協会9号酵母は，昭和28年頃分離され熊本県の酒造研究所で保存，使用されていたが，昭和43年から全国に配布された。協会10号酵母は昭和27年に分離され，昭和52年から配布された。

協会14号酵母[10]の分離年数は明確でないが，平成6年から配布された。分離当時の酵母（K2・4）の中から吟醸香の高い株（K2・4-76）を選択し

Table 6 Acid phosphatase actvity of *sake* yeasts*.

Strain	Acid phosphatase activity on	
	low-Pi	high-Pi
Kyokai no. 1	+	+
Kyokai no. 2	+	+
Kyokai no. 3	+	+
Kyokai no. 4	+	+
Kyokai no. 5	+	+
Kyokai no. 6	+	-
Kyokai no. 7	+	-
Kyokai no. 9	+	-
Kyokai no. 10	+	-
Kyokai no. 601	+	-
Kyokai no. 701	+	-
ATCC 32694	+	+
ATCC 32695	+	+
ATCC 32696	+	+
ATCC 32697	+	+
ATCC 32698	+	+
ATCC 32699	+	+
ATCC 32700	+	+
ATCC 32701	+	+
ATCC 32702	+	+
ATCC 32703	+	+

* From "Mizoguchi, H. and E. Fujita : J. Ferment. Technol. **59**（2），185-188（1981）"

たのが14号酵母である。変異株であったのか定でないが9号酵母に近縁の酵母と考えられている。

協会15号（1501号）酵母[11,12,13]は，昭和61～62年に分離した菌株のなかから香気成分の生産が高い酵母として選択され，平成8年から配布されている。

分離源の"もろみ"が7号酵母を添加したもので，分離酵母は7号酵母の自然突然変異株と推察されている。そして分離後，Froth Flotation法[14]で自然変異の泡なし細胞を取得した"泡なし酵母"である。"もろみ"中で変異，そして分離後人為的に泡なし変異株をとり出した酵母であることを分類学的（taxonomy）には考慮しておかねばならない。

以上，多くの協会酵母が配布されているが，協会酵母を加えた"もと"や"もろみ"から分離されている。添加酵母の再釣菌が十分に考えられるが，添加酵母と分離酵母との関係についてはこれまで触れてなかった。15号酵母の分離で添加酵母と分離酵母との関係を考察したのは齊藤ら[11,12]が最初である。分類試験に用いる場合，実用的な面からの区別ではなく，分類学的立場から多くの協会酵母を明確にしておかねばならない。

昭和56年，溝口と藤田[5]は6号酵母，7号，9号，10号は高リン酸培地でホスファターゼ活性が認められないのに対し，1号～5号酵母を初め他の株（ATCC no.株）はすべて活性を示したことを報告した（Table 6.）。

平成2年，山田ら[15]は，核型パターンから6号酵母と7号は同じ泳動パターンを示したことから2株は同じ起源であることが高いと述べている。筆者ら

が行った（平成11年）5号酵母，6号，7号，9号，10号，14号，15号の核型パターンをFig. 5に示した。5号酵母は明らかに異なるが，他の協会酵母はほとんど同じパターンである。たゞ10号酵母にⅤ番とⅪ番染色体の間にバンドが見られるのが特異的である。後藤ら[16]，齊藤[13]も同じバンドを報告している。後藤ら[16]は10号酵母は2倍体で，染

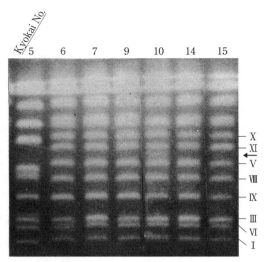

Fig. 5 PFG karyotype of kyokai *sake* yeast.

色体セットとして（2n＋1）を持つ異数体である可能性があると述べている。

　佐藤[17]は，染色体の長さが栄養増殖の継代培養でも無視できない程度の頻度で変化し，電気泳動核型の知見を酵母株間の識別さらには分類に用いる場合には，各染色体DNAの安定性にも注意を払う必要があると指摘している。

　後藤ら[16]が述べているように10号酵母の特異的な核型パターンは，他の協会酵母との判別に有用な標識の一つになるが，特異的なパターンを除いては他の酵母とほとんど同じである。"もろみ"また分離後の培養期間に，佐藤[17]が述べているように10号酵母に変化があったと考えられる。

　5号酵母と他の協会酵母は明らかに異なることから山田ら[15]が指摘している6号酵母と7号が同じ起源であるとすれば，現在の協会酵母は分類学的には6号酵母を原株とした同種のもので，これは協会酵母を添加した"もと"や"もろみ"から同種の酵母が再分離されていると推察される。前記[15]の6号〜10号酵母のホスファターゼの特異性も同種であることを裏付けるものと思われる。そして香気生産，酸生産，低温発酵性の実用面からの違いは核型パターンには表われない僅かな変異によると思われる。これは，15号酵母が

7号の突然変異株と推定している斎藤[12,13]の報告からも伺うことができる。

以上のことから筆者は，分類学的な研究においては多くの協会酵母を清酒酵母の代表株として導入することは，混乱の恐れがあるので協会酵母の代表株として7号酵母の1株を用いた。

Table 4.の7号酵母は，昭和36年（1961年）配布された原株を日本醸造協会から分譲をうけた菌株である。7号酵母はATCC, FUNGI/YEST（17th e. 1987）のLISTではATCC 26422で記載されている。説明の中で（ ）内に*Saccharomyces sake*の学名が記入され，その文献（J. Soc, Brewing, Japan 42：26, 1947：ibid., 58：583-587, 1963：Agr. Bull. 14：199-208, 1970；Agr. Biol. Chem. 35：1024-1032, 1971：J. Ferm. Technol. 49：959-967, 1971；ibid., 51：85-95 and 551-559, 1973）が記載されているが*Sacch. sake*の記載は見られなかった。又，IFO numberは2347（←1952, Yamamura Shuzo K. K. Kyokai No. 7）である。

e）糖類の発酵性と資化性

清酒酵母の糖類の発酵性と資化性をTable 7.に示した。15株ともgalactose,

Table 7 Fermentation and assimilation of sugar of *Sacch. sake*

Strains number	Fermentation						Assimilation			
	Ga	Su	Ma	Me	Ra	St	Ga	Su	Ma	St
IFO										
0304^T	+	+	+	−	+	−	+	+	+	−
0244	+	+	+	−	+	−	+	+	+	−
0249	+	+	+	−	+	−	+	+	+	−
0309	+	+	+	−	+	−	+	+	+	−
ATCC										
32694	+	+	+	−	+	−	+	+	+	−
32695	+	+	+	−	+	−	+	+	+	−
32696	+	+	+	−	+	−	+	+	+	−
32697	+	+	+	−	+	−	+	+	+	−
32698	+	+	+	−	+	−	+	+	+	−
32699	+	+	+	−	+	−	+	+	+	−
32700	+	+	+	−	+	−	+	+	+	−
32701	+	+	+	−	+	−	+	+	+	−
32702	+	+	+	−	+	−	+	+	+	−
32703	+	+	+	−	+	−	+	+	+	−
Kyokai										
No. 7	+	+	v	−	+	−	+	+	+	−

Ga：galactose. Su：sucrose. Ma：maltose. Me：melibiose. Ra：raffinose. St：starch. V：variable.

sucrose, maltose, raffinoseを発酵しmelibiose, starchは発酵しなかったが,7号酵母はmaltoseの発酵性に再現性（variable, ＋or－）がなかった。資化性は全菌株とも同じであった。

以上，試験に用いる清酒酵母について述べたが，Sacch. sakeを他のSacch. s. str.と異なるspeiesであることを認識してもらうには，まず清酒酵母のなかには多くの品種が存在すること，一方それに共通な性質が他のSacch. s. str. とは異なることを証明しなくてはならない。以上，今回は試験に用いる清酒酵母は異なった品種間にあることを記述した。

文　　献

1) 大内弘造，長井利之，菅間誠之助，野白喜久雄：醸協，**61**（7），646（1966）
2) 矢部規矩治：東京化学誌，**16**，206-213（1895）
3) 竹田正久，塚原寅次：醸協，**55**（3），71-74（1960）
4) 竹田正久，塚原寅次：発工，**53**（3），103-111（1975）
5) 溝口晴彦，藤田栄信：発工，**59**（2），186（1981）
6) 小穴富司雄，水野三郎：醸試，**119**，283-305（1934）
7) 小穴富司雄，本多紀元，原田保一，横澤義雄：醸試，**124**，205-214（1936）
8) 池貝元宏：醸造論文集，**36**，89-98（1981）
9) 塚原寅次：醸協，**56**（9），890-888（1961）
10) 北陸酒造技術研究会：醸協，**90**（9），682-684（1995）
11) 齊藤久一，渡邉誠衛，田口隆信，高橋仁，中田建美，岩野君夫，石川雄章：醸造論文集，**48**，1-5（1993）
12) 齊藤久一：醸協，**91**（9），616-618（1996）
13) 齊藤久一：学位論文，東京農業大学（1997）
14) Kozo Ouchi, Hiroichi Akiyama：Agri, Biel, Chem., **35**（7），1024-1032（1971）
15) 山田より子，金子喜信，見方洪三郎：Bull. JFCC, **6**，76-85（1990）
16) 後藤邦康，蓮尾徹夫，小幡孝之，原昌道：醸協，**85**（3），185-189（1990）
17) 佐藤雅英：生物工学，**72**（6），493（1994）

② *Sacch. cerevisiae*， *Sacch. bayanus*， *sacch. pastorianus*， *Sacch. Paradoxus*

試験に用いた*Saccharomyces* sensu stricto Vaughan-Martini & Martiniの4"種"について述べる。使用菌株は発酵研究所（IFO）[1,2]が，DNA再会合性実験における類似度から同定されたものである。尚，*Sacch.* s. stri.の*Sacch. pas-*

*torianus*のType strain IFO 0613はDNA類以度が,*Sacch. bayanus*とのみ高い値を示したことから*Sacch. bayanus*に同定され,*Sacch. pastorianus*はoriginal nameの*Sacch. carlsbergensis*のType strain IFO 1167を参考株として用いている。本実験でも発酵研究所の報告に従った。

各菌株のoriginal nameと分離源は"The yeasts, a taxonomic study"の書籍,"LIST OF CULTURES(発酵研究所)"及び山田ら[1,2],Vaughan-Martiniら[3,4,5]の文献から引用した。

糖類発酵試験は酵母エキス,ペプトン培地でダラハム管を用いて,資化性は"bacto, yeast nitrogen base"の斜面培地で行った。尚,糖類の発酵性と資化性の性質は"The yeasts a taxonomic study 2版"を参考にした。

Table 8 *Saccharomyces cerevisiae* sensu Vaughan-Marini & Martini used in this study.

	IFO number	Other collection number	Species-original name	Isolation source
(A)	10217[T]	CBS 1171	*S. cerevisiae**	brewer's top yeast
	0253	CBS 423	*S. chodati**	wine, Switzerland
	0614	CBS 381	*S. willianus**	spoiled beer
	0751	NRRLY 379	*S. carlsbergensis*	
	1046	CBS 1782	*S. diastaticus**	super attenuated beer
	1049	NCYC 406	*S. steineri*	
	1226	CBS 382	*S. logos**	brewery, Brazil
	2000[1]		(*S. cerevisiae*)	beer yeast, Burton
	2011[1]		(*S. cerevisiae*)	Bass beer yeast, No.1
	2018		*S. cerevisiae*	Burton upon trent, No.1
(B)	0210	CBS 400	*S. chevalieri**	palm wine
	1833	CBS 5635	*S. coreanus**	grape must[2]
	1836	CBS 5378	*S. norbensis**	alpechin[3], Spain
	1837	CBS 5155	*S. prostoserdovii**	grape must[2]
	1950	CBS 1395	*S. ellipsoideus**	
	1991	CBS 2247	*S. capensis**	grape must[2]
	1994	CBS 4903	*S. hienipiensis**	alpechin[3], Spain
	1997	CBS 3093	*S. oleaceus**	olive, Spain
	1998	CBS 3081	*S. oleaginosus**	alpechin[3], Spain
	10055	CBS 4054	*S. aceti**	red wine[4]

T:type strain. (A):melezitose assimilated. (B):melezitose not assimilated.
*Indicate type strain of original name.
1) DNA reassociation between *Sacch. cerevisiae* not determined.
2) must.:before fermentation of juice.
3) alpechin:aqueous solution separated during the manufacture olive oil.
4) "Flor" forming (ability to oxidize ethanol).

Table 9 *Saccharomyces bayanus* sensu Vaughan-Martini & Martini used in this study.

IFO number	Other collection number	Species-original name	Isolation source
1127 T	CBS 380	S. bayanus*	beer
0213		S. ellipsoideus	
0613	CBS 1538	S. pastorianus*	beer
0615	CBS 395	S. uvarum*	currant juice
1048	NCYC 415	S. heterogenicus	
1343	CBS 5184	S. inusitatus	beer, Sweden
1620	CBS 425	S. heterogenicus*	fermenting apple juice
10557	CBS 424	S. globosus*	pear juice
10563	CBS 1546	S. inusitatus*	beer

T : type strain.
*Indicate type strain of original name.

Table 10 *Saccharomyces pastorianus* sensu Vaughan-Martini & Martini used in this study.

IFO number	Other collection number	Species-original name	Isolation source
1167	CBS 1513	S. carlsbergensis*	beer bottom yeast
0250	CBS 1462	S. cerevisiae var. festinans	primed ale (beer)
1961	CBS 1486	S. carlsbergensis	beer bottom yeast
2003		S. pastorianus	lager brewer's yeast
10010	NCYC 529	S. pastorianus	lager brewer's yeast
10610	CBS l503	S.monacensis*	beer

*Indicate type strain of original name.

Table 11 *Saccharomyces paradoxus* sensu Vaughan-Martini & Martini used in this study.

IFO number	Other collection number	Species-original name	Isolation source
10609 T	CBS 432	S. paradoxus*	tree exudate
0259	CBS 406	S. mangini var. tetrasporus*	oak exudate
0263		S. paradoxus	
10553		S. paradoxus	
10554		S. paradoxus	exudate of quercus robur
10695	CBS 7400	S. douglasii*	douglas strains

T : type strain.
*Indicate type strain of original name.

Table 12 Fermentation and assimilation of sugar of *Sacch. cerevisiae*.

	IFO number	Fermentation						Assimilation			
		Ga	Su	Ma	Me	Ra	St	Ga	Su	Ma	St
(A)	10217ᵀ	+	+	+	−	+	−	+	+	+	−
	0253	+	+	+	−	−	−	+	+	+	−
	0614	+	+	+	−	+	−	+	+	+	−
	0751	+	+	+	+	+	−	+	+	+	−
	1046	−	+	+	−	+	ws	−	+	+	+
	1049	+	+	+	−	−	−	+	+	+	−
	1226	+	+	+	+	+	−	+	+	+	−
	2000	+	+	+	−	+	−	+	+	+	−
	2011	+	+	+	−	+	−	+	+	+	−
	2018	+	+	+	−	+	−	+	+	+	−
(B)	0210	+	+	−	−	+	−	+	+	−	−
	1833	+	+	−	+	+	−	+	+	−	−
	1836	−	−	−	+	−	−	−	−	−	−
	1837	−	+	+	−	−	−	−	+	+	−
	1950	+	+	+	−	+	−	+	+	+	−
	1991	−	+	+	−	+	−	−	+	+	−
	1994	−	−	+	+	−	−	−	−	+	−
	1997	+	−	+	+	−	−	+	−	+	−
	1998	+	−	+	+	+	−	+	−	+	−
	10055	−	ws	+	−	−	−	−	+s	+	−

Ga：galactose. Su：sucrose. Ma：maltose. Ra：raffinose. St：starch. W：weak. S：slow.

a) *Saccharomyces cerevisiae* sensu Vaughan-Martini & Martini

使用した20株をTable 8.に示した。後で報告するが，上段の（A）グループはmelezitoseを資化できるが，下段の（B）グループは資化できないことから区別した。（A）グループにはビールに関係ある酵母が多く，（B）グループには醸造酵母が少ない。糖類の発酵性と資化性をTable 12.に示した。（A）グループは概ね同じ性質であったが，IFO 1046はstarchを発酵（WS）し，original nameの*sacch. diastaicus*の性質と一致した。一方，（B）グループは多くのタイプに分かれた。

b) *Sacch. bayanus* sensu Vaughan-Martini & Martini

使用した9株をTable 9.に示した。4株がビールに関係し3株がjuiceから分離された菌株であった。糖類の発酵性，資化性をTable 13.に示した。galactoseの発酵性と資化性が（−）の菌株が多く，Type strain IFO 1127はoriginal

Table 13 Fermentotion and assimilation of sugar of *Sacch. bayanus*.

IFO number	Fermentation						Assimilation			
	Ga	Su	Ma	Me	Ra	St	Ga	Su	Ma	St
1127^T	−	+	+	−	+	−	−	+	+	−
0213	−	+	+	−	+	−	−	+	+	−
0613	−	+	+	−	+	−	−	+	+	−
0615	+	+	+	+	+	−	+	+	+	−
1048	−	+	+	−	−	−	−	+	+	−
1343	−	+	+	−	+	−	−	+	+	−
1620	−	+	+	−	−	−	−	+	+	−
10557	+*	+	v	−	−	−	−※	+	+	−
10563	−	+	+	−	+	−	−	+	+	−

V : variable

＊it was reappearance.

Table 14 Fermentation and assimilation of sugar of *Sacch. pastorionus*.

IFO number	Fermentation						Assimilation			
	Ga	Su	Ma	Me	Ra	St	Ga	Su	Ma	St
1167	+	+	+	vs	+	−	+	+	+	−
0250	+	+	+	−	+	−	+	+	+	−
1961	+	+	+	v	+	−	+	+	+	−
2003	+	+	+	v	+	−	+	+	+	−
10010	+	+	+	+	+	−	+	+	+	−
10610	+	+	+	v	+	−	+	+	+	−

Table 15 Fermentation and assimilation of sugar of *Sacch. paradoxus*.

IFO number	Fermentation						Assimilation			
	Ga	Su	Ma	Me	Ra	St	Ga	Su	Ma	St
10609^T	+	+	+	−	+	−	+	+	+	−
0259	+	+	+	−	+	−	+	+	+	−
0263	+	+	+	−	+	−	+	+	+	−
10553	+	+	+	−	+	−	+	+	+	−
10554	+	+	−	−	+	−	+	+	−	−
10695	+	+	+	−	+	−	+	+	+	−

nameの*sacch. bayanus*の性質と一致した。またIFO 0613も同じ性質であった。IFO 0615はmelibioseを発酵しoriginal nameの*Sacch. uvarum*と一致したが，melibiose発酵性（＋）は本菌株のみであった。IFO 10557はgalactoseを発酵したが，資化性は（−）であった。

　c）*Sacch. pastorianus* sensu Vaughan-Martini & Martini

　　使用した6株をTable 10.に示した。全菌株がビールに関係する酵母であっ

た。original nameの*Sacch. carlsbergensis*（下面酵母）のIFO 1167はmelibioseの発酵性が（VS）であった（Table 14.）。本菌株は*Sacch. pastorianus*の参考株として用いられているが，その他の菌株にも発酵性（V）が多かった。

尚，表中の6株はDNA類似度が*Sacch. cerevisiae*のType strain及び*Sacch. bayanus*のType strainの両者に対し中間的な値を示したことから，これら2"種"間の雑種株[2]と見られている。

d) *Sacch. paradoxus* sensu Vaughan-Martini & Martini

使用した6株をTable 11.に示した。由来が樹液または樹木で，醸造酵母がないのが他のグループと異なる（2株は不明）。糖類の発酵と資化性（Table 15.）は，IFO 10554を除いて他の菌株は同じであった。これは前記の*Sacch. cerevisiae*の（A）グループと概ね同じタイプである。

以上，清酒酵母（*Sacch. sake*）と比較試験を行なう*Sacch. s. stri.*の*Sacch. cerevisiae*，*Sacch. bayanus*，*Sacch. pastorianus*及び*Sacch. paradaxus*の4"種"についてoriginal name，由来及び糖類の発酵性，資化性の結果について記載した。使用菌株中，starchを発酵するのはoriginal nameの*Sacch. diastaicus*（IFO 1046）のみであったが発酵力は弱かった。しかし資化性は旺盛であった。

e) *Sacch. sake*と*Sacch. cerevisiae*, Type strain IFO 10217間の
　 DNA類似度

山田ら[1,2]は，清酒酵母の協会酵母を始めoriginal nameの*Sacch. sake*, *Sacch. tokyo*, *Sacch. yedo*ら多くの酵母が*Sacch. cerevisiae*のType strainと高いDNA類似度（71～113%）であったことを報告している。前報で紹介したATCC no.の清酒酵母も同様に高いDNA類似度（70～92%）を示す。このようにDNA再会合性実験結果から清酒酵母は，*Sacch. cerevisiae* sensu Vaughan-Martini & Martiniの範中にはいる。

Vaughan-Martiniら[5]は，生理・生体試験を含めた分類試験で同定した*Sacch. cerevisiae* complex 23株をoriginal nameの*Sacch. cerevisiae*, *Sacch. cerevisiae* var. *ellipsoideus*, *Sacch. ellipsoideus*, *Sacch. ellipsoideus* var. umbra, *Sacch. bayanus*, *Sacch. lindneri*, *Sacch. logos*, *Sacch. odessa*, *Sacch. steineri*, *Sacch. carlsbergensis*, *Sacch. cheresiensis*, *Sacch. oviformis*らを挙げているが*Sacch. sake*, *Sacch. tokyo*, *Sacch. yedo*の清酒酵母は見られなかった。

文　献

1) 山田より子，金子嘉信，見方洪三郎：Bull. JFCC. **6**, 76-85 (1990)
2) 山田より子，見方洪三郎：Bull. JFCC. **9**, 95-119 (1993)
3) Vaughan-Martini & Cletus P. Kurtzman：Int J. system. Bact. **35**, 508-511 (1985)
4) Vaughan-Martini：System. Appl. Microbiol. **12**, 179-182 (1989)
5) Vaughan-Martini & Martini：System. Appl. Microbiol. **16**, 113-119 (1993)

2．key character（The yeasts，4版，1998）による分類

"The yeasts, a taxonomic study 4 版"（以下，"The yeasts"）[1]における*Saccharomyses*"種"の分類は主に生理試験（Fig. 6）が導入されている。*Sacch.* sensu strictoの*Sacch. cerevisiae*, *Sacch. bayanus*, *Sacch. pastorianus*, *Sacch. paradoxus*の分類基準（key to species）は"ビタミン・フリー培地での増殖"，"D-mannitol資化"，"発育最高温度"，"frutose能動輸送"であり，他の3"種"では染色体（核型）の違いが導入されている。

本報では清酒酵母を加えた*Sacch.* s. str.の5"種"について前記のkey character（fructose能動輸送性は省略）の外にmelezitose資化と第Ⅵ染色体の大きさの性質を加えて，前回で記載した酵母について試験を行った。

　a) 糖類資化性は，Wickerhamの斜面（寒天）培地で行った。melezitose資化性は30～31℃，15日間培養した。

　b) 発育最高温度はYM斜面（寒天）培地で，15日間培養した。

　c) ビタミン・フリー培地での増殖は，"The yeasts"の方法で行った。ビタミン・フリー培地（6 ml/tube）に，白金線で少量のコロニーをとり接種して25～27℃，2日間培養（1日3回，激しく振る）し，白濁が認められないか，又は僅かに白濁した培養液（細胞数10^5/ml以下）の1滴を培地6 mlに

Fig. 6 From "The yeasts, a taxonomic study 4 th ed. (1998)"

Saccharomyces Meyen ex Reess
Ann Vaughan-Martini and Alessandro Martini

key to species
1.　　　a　Maximum growth temperature above 30℃　→ 3
　　　　b　Growth absent above 30℃　→ 2
2 (1).　a　Sucrose. raffinose and trehalose fermented −−−−−−−−−−−−− *S. barnettii*：
　　　　b　Sucrose. raffinose and trehalose not fermented −−−−−−−−−−− *S. rosinii*：
3 (1).　a　Ethylamine・HCl assimilated　→ 4
　　　　b　Ethylamine・HCl not assimilated　→ 5
4 (3).　a　Growth in the presence of 1000ppm cycloheximide −−−−−−−− *S. unisporus*：
　　　　b　Absence of growth in the presence of 1000ppm cycloheximide　→ 5
5 (4).　a　Maltose. raffinose and ethanol assimilated −−−−−−−−−−−−− *S. kluyveri*：
　　　　b　Maltose. raffinose and ethanol not assimilated −−−−−−−−− *S. spencerorum*：
6 (3).　a　Maltose assimilated　→ 7
　　　　b　Maltose not assimilated　→10
7 (6).　a　Growth in vitamin-free medium −−−−−−−−−−−−−−−− **S. bayanus**：
　　　　b　Absence of growth in vitamin-free medium　→ 8
8 (7).　a　D・Mannitol assimilated：
　　　　　maximum growth temperature 37℃or greater −−−−−−−−− **S. paradoxus**：
　　　　b　D・Mannitol not assimilated：
　　　　　maximum growth temperature less than 37℃ or variable at. 37℃　→ 9
9 (8).　a　Active transport mechanism for Fructose present：
　　　　　maximum growth temperature 34℃ or below −−−−−−−− **S. pastorianus**：
　　　　b　Active transport mechanism for fructose not present：
　　　　　maximum growth temperature variable −−−−−−−−−−−− **S. cerevisiae**：
10 (6).　a　Sucrose. raffinose and trehalose fermented −−−−−−−−−−−−− *S. exiguus*：
　　　　b　Sucrose. raffinose and trehalose not fermented　→11
11 (10).　a　Growth in the presence of 1000ppm cycloheximide −−−−−−−−− *S. servazzii*：
　　　　b　Absence of growth in the presence of 1000ppm cycloheximide　→12
12 (11).　a　D・Ribose normally assimilated：
　　　　　8-10 chromosomes 600→3000 kilobases −−−−−−−−−−−−−− *S. castellii*：
　　　　b　D・Ribose not assimilated, mostly single, highly refringent ascospores on acetate
　　　　　agar：8 chromosomes 400→2200 kilobases −−−−−−−−− *S. transvaalensis*：
　　　　c　D・Ribose nomally not assimilated：
　　　　　7-9 chromosomes 750→3000 kilobases −−−−−−−−−−−−− *S. dairenensis*：

接種した。白濁が濃い（10⁵/ml以上）場合は，10倍以上に稀釈して接種。27〜28℃，10日間培養した。尚，培地はビタミンフリー培地のほかパントテン酸欠培地とビオチン欠培地でも行った。

　d）第Ⅵ番染色体（核型）の大きさはPFG核型分析で行った。DNA試料の調整はCarleとOlsonの方法[2]に従った。泳動装置はBio-Rad Laboratoriesを用

い，パルス時間100秒から45秒にリニアに変化させながら電圧200V，冷却装置設定温度10℃で24時間泳動した。この条件でサイズマーカーとして用いた*Sacch. cerevisiae* AB972の染色体バンドは第ⅤとⅧ染色体の分離が十分でなく一本に観察されたが，第Ⅰ，Ⅵ，Ⅲ，Ⅸ染色体の分離は再現性があった。泳動後，ゲルを0.5μg/mlのエチジウムブロマイド溶液で一時間染色し，蒸留水に3時間以上放置した。DNAバンドはUVトランスイルミネーターで紫外線を照射しATTO Image Saverで撮影した。

1．実験結果

各酵母の性質をTable 16〜20.に示した。

a）糖類資化性は，*Sacch. cerevisiae*の（A）グループと*Sacch. paradoxus*がmelezitoseを資化したが，他の菌"種"は資化しなかった。D-manitolの資化性は*Sacch. paradoxus*が資化した。*Sacch. paradoxus*のkey characterであり

Table 16 Key character in 4 th ed. "The yeasts" of *Sacch. sake.*

Strain number	Assimilation		Growth			Growth						Ⅵ Chromosome
						Vt-free days		P-deficient days		Bt-deficient days		Size (Kb)
	Mz	D・M	37℃	40℃	41℃	7	10	7	10	7	10	
IFO												
0304ᵀ	−	−	+	−	−	w	+	w	+	+	+	270< (?)
0244	−	−	+	+	−	+	+	+	+	+	+	270<
0249	−	−	+	−	−	+	+	+	+	+	+	270=
0309	−	−	+	−	−	+	+	w	+	+	+	270=
ATCC												
32694	−	−	+	+	−	+	+	+	+	+	+	270< (?)
32695	−	−	+	+	−	+	+	−	+	+	+	270< (?)
32696	−	−	+	+	−	+	+	−	+	+	+	270<
32697	−	−	+	+	−	−	+	+	+	+	+	270<
32698	−	−	+	+	−	+	+	+	+	+	+	270<
32699	−	−	+	+	−	+	+	+	+	+	+	270<
32700	−	−	+	+	−	+	+	+	+	+	+	270<
32701	−	−	+	+	−	+	+	+	+	+	+	270< (?)
32702	−	−	+	−	−	+	+	+	+	+	+	270<
32703	−	−	+	+	−	−	+	−	+	+	+	270< (?)
Kyokai No.7	−	−	+	−	−	+	+	+	+	+	+	270<

Mz：melezitose（30〜31℃）．D・M：D-manitol. V-free：vitamin-free medium.
P-deficient：pantothenate-deficient medium. Bt-deficient：biotin-deficient medium. days：incubation days（27〜28℃）．

Table 17 Key character in the 4 th ed. "The yeasts" of *Sacch. cerevisiae*.

	IFO number	Assimilation		Growth				Growth						VI Chromosome
								Vt-free days		P-deficient days		Bt-deficient days		Size (Kb)
		Mz	D·M	35℃	37℃	40℃	41℃	7	10	7	10	7	10	
(A)	10217[T]	+	−	+	−	−	−	−	−	−	−	−	−	270>
	0253	+	−	+	+	+	−	−	−	+	+	w	w	270>
	0614	+	−	+	+	+	−	−	−	−	−	−	w	270=
	0751	+	−	+	+	−	−	−	−	−	−	w	w	270=
	1046	+	−	+	+	+	−	−	−	−	−	w	w	270=
	1049	+	−	+	+	+	−	−	−	+s	+	w	w	?
	1226	+	−	+	+	+	−	−	−	−	+	−	w	270>
	2000	+	−	+	+	−	−	−	−	−	−	w	w	270>
	2011	+	−	+	+	−	−	−	−	−	−	−	−	270>
	2018	+	−	+	+	−	−	−	−	−	w	−	−	270>
(B)	0210	−	−	+	+	+	−	−	−	−	−	+	+	270<
	1833	−	−	+	+	−	−	−	−	−	−	−	−	270>
	1836	−	−	+	+	−	−	−	−	−	−	−	−	270>
	1837	−	−	+	−	−	−	−	−	−	−	−	w	270>
	1950	−	−	+	+	w	−	−	−	−	−	−	−	270>
	1991	−	−	+	w	−	−	−	−	+	+	w	w	270>
	1994	−	w	+	+	+	−	−	−	−	+	w	w	270>
	1997	−	w	+	+	w	−	−	−	w	+	w	w	270>
	1998	−	−	+	+	−	−	−	−	−	−	−	−	270=
	10055	−	−	+	+	−	−	−	−	w	+	−	−	270>

Table 18 Key character in the 4 th ed. "The yeasts" of *Sacch. bayanus*.

IFO number	Assimilation		Growth				Growth						VI Chromosome
							Vt-free days		P-deficient days		Bt-deficient days		Size (Kb)
	Mz	D·M	30℃	32℃	33℃	34℃	7	10	7	10	7	10	
1127[T]	−	w	+	w	−	−	+	+	+	+	+	+	270≒ (<)
0213	−	+/w	+	+	−	−	−	−	+	+	w	w	270≒ (<)
0613	−	−	+	+	−	−	+	+	+	+	+	+	?
0615	−	−	+	+	w	−	+	+	+	+	+	+	?
1048	−	−	+	+	−	−	+	+	+	+	+	+	?
1343	−	−	+	+	+	−	+	+	+	+	+	+	270=
1620	−	−	+	+	−	−	+	+	+	+	+	+	?
10557	−	−	+	−	−	−	−	−	+s	+	−	−	270=
10563	−	−	+	+	w	−	+	+	+	+	w	+	270=

"The yeasts"の記載と一致した。*Sacch. bayanus*の2株が+〜wであったが，"The yeasts"ではV（variable）と記載されている。

Table 19 Key character in the 4 th ed. "The yeasts" of *Sacch. pastorianus*.

| IFO number | Assimilation | | Growth | | | | Growth | | | | | | VI Chromosome |
| | | | | | | | Vt-free days | | P-deficient days | | Bt-deficient days | | Size (Kb) |
	Mz	D・M	30℃	32℃	34℃	35℃	7	10	7	10	7	10	
1167	−	−	+	+	−	−	−	−	+	+	−	−	270>
0250	−	−	+	+	+	−	−	ws	+	+	ws	ws	270>
1961	−	−	+	−	−	−	−	−	+	+	−	−	270>
2003	−	−	+	+	w	−	−	−	+	+	−	−	270>
10010	−	−	+	+	+	−	−	−	+	+	−	−	270>
10610	−	−	w	−	−	−	−	−	+	+	−	−	270>

Table 20 Key character in the 4 th ed. "The yeasts" of *Sacch. paradoxus*.

| IFO number | Assimilation | | Growth | | | Growth | | | | | | VI Chromosome |
| | | | | | | Vt-free days | | P-deficient days | | Bt-deficient days | | Size (Kb) |
	Mz	D・M	34℃	35℃	36℃	7	10	7	10	7	10	
10609[T]	+	+	+	w	−	−	−	+	+	−	−	270<
0259	+	+	+	−	−	−	−	+	+	−	−	270<
0263	+	+	+	−	−	−	−	+	+	−	−	270< (?)
10553	+	+	+	−	−	−	ws	+	+	w	w	270<
10554	+	+	+	w	−	−	−	+	+	−	−	270<
10695	+	+	+	w	w	−	ws	+	+	w	+s	270<

　b）発育最高温度は，*Sacch. sake*が40℃で+/−，37℃で+であった。*Sacch. cerevisiae*は40℃ +/−，37℃ +/（−）であった。"The yeasts"では*Sacch. cerevisiae*の37℃発育がVと記載されており*Sacch. sake*と*Sacch. cerevisiae*と変わりなかった。

　*Sacch. bayanus*は34℃ −，33℃ +〜w/−，32℃では+/（−）であった。"The yeasts"では37℃ −と記載されている。Vaughan-Martiniら[3]が34℃V，34℃以上で発育できないと報告しているのと一致する。

　*Sacch. pastorianus*は35℃ −，34〜32℃ +/−であった。"The yeasts"に34℃又はそれ以下の温度で発育すると記載されているのと一致する。そして前記の*Sacch. bayanus*の発育温度と概ね同じである。これらの発育温度は*Sacch. cerevisiae*と*Sacch. paradoxus*の2"種"から区別される性質と報告[3]されている。しかし本実験での*Sacch. paradoxus*は37℃ −，36℃ −/（W），35℃ W/−，

34℃ +であった。

"The yeasts"では*Sacch. paradoxus*のkey characterとして，37℃ 又はそれ以上（40～42℃）で発育することを挙げている。本実験の結果と大きく異なる点であり再検討が必要である。尚，"The yeasts"に使用菌株として記載されているType strainのCBS406（IFO10609）とCBS406（IFO0259）は本実験株と重複している菌株である。

　c）ビタミン・フリー培地での増殖は，*Sacch. sake*の全菌株が増殖し*Sacch. bayanus*は9株中，7株が増殖した。増殖しなかった2株はビオチン欠培地で増殖しなかった。"The yeasts"での*Sacch. bayanus*のkey characterと概ね一致したが，*Sacch. sake*と同じであった。*Sacch. cerevisiae, Sacch. pastorianus, Sacch. paradoxus*は増殖しなかったが"The yeasts"のkey characterと一致した。*Sacch. cerevisiae*は1株（IFO0210）を除いてビオチン欠培地での増殖がW/−であったが，パントテン酸欠培地では増殖しないのと，増殖する菌株に分かれた。*Sacch. pastorianus*と*Sacch. paradoxus*はパントテン酸欠培地に増殖し，ビオチン欠培地に増殖しなかった。

　d）第Ⅵ染色体の大きさをFig. 7～13に示した。*Sacch. sake*は2株が270（kb）の大きさであったが，他の菌株は270（kb）より大きかった（270＜）。IFO 0304, ATCC 32694, 32695, 32701及び32703の核型パターンに見られるようにⅥとⅢ番が明確でなかったが，バンドに幅があり濃く写っていることから染色体の大きさが同じか，それに近いため一本に見えると考えられる。

Sacch. cerevisiae（A）は3株が270（kb）であったが，他は270（kb）より小さかった。一方，グループ（B）は1株（IFO0210）を除いて270（kb）より小さかった。以上*Sacch. cerevisiae*は数株が270（kb）で，大半は270（kb）より小さく*Sacch. sake*と異なる傾向にあった。

*Sacch. bayanus*は明確にできないのもあったが，全菌株が概ね270（kb）付近の大きさであった。

*Sacch. pasterianus*は270（kb）より小さく，*Sacch. cerevisiae*と同じ傾向を示した。尚，第Ⅰ，Ⅵ，Ⅲ染色体間に四本のバンドが見られるのもあったが，

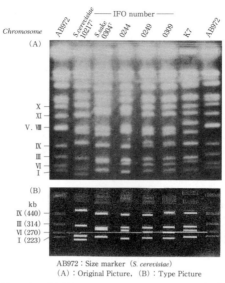

AB972: Size marker (*S. cerevisiae*)
(A): Original Picture, (B): Type Picture

Fig. 7 VI Chromosome of *sacch. sake* (1)

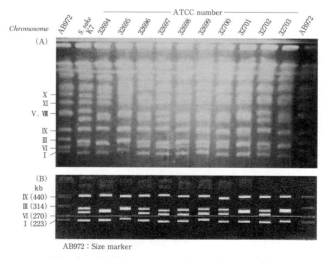

AB972: Size marker

Fig. 8 VI Chromosome of *Sacch. sake* (2)

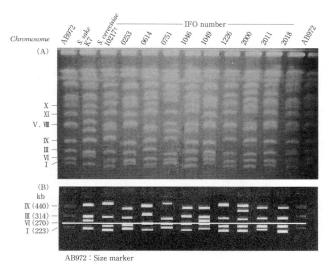

Fig. 9 VI Chromosome of *Sacch. cerevisiae* (A)

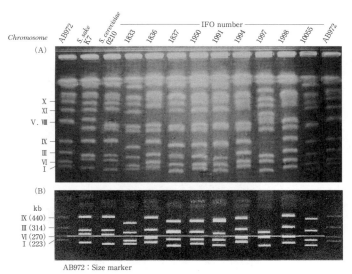

Fig. 10 VI Chromosome of *Sacch. cerevisiae* (B)

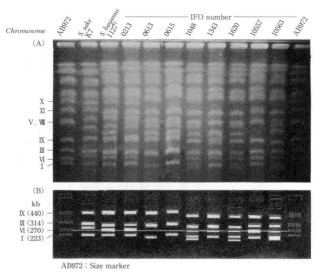

Fig. 11 VI Chromosome of *Sacch. bayanus*

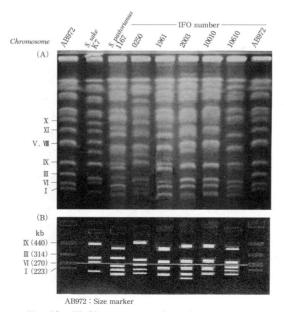

Fig. 12 VI Chromosome of *Sacch. pastorianus*

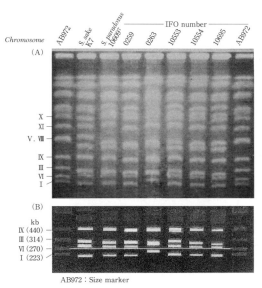

Fig. 13 Ⅵ Chromosome of *Sacch. paradoxus*.

第Ⅲ染色体より小さい次のバンドが270 (kb) より小さかったので第Ⅵ染色体の大きさを270 (kb) 以下と見なした。

*Sacch. paradoxus*は，ほとんどの菌株が270 (kb) より大きかった。これは*Sacch. sake*と同じ傾向であった。そして両"種"の第Ⅸ染色体の大きさが440 (kb) 付近にあるのも同じ傾向であった。また*Sacch. cerevisiae* (B) と*Sacch. pastorianus*の第Ⅰ染色体の大きさが，他"種"に比べて小さい傾向にあった。

以上，第Ⅵ染色体の大きさにおいて*Sacch. cerevisiae*は，数株が270 (kb) 付近で，その他の菌株はそれより小さく，*Sacch. bayanus*は，270 (kb) 付近，*Sacch. pastorianus*は270 (kb) より小さかった。一方，*Sacch. sake*と*Sacch. paradoxus*は270 (kb) より大きく，他の"種"と区別された。

2．*Sacch. sake*の独立性

*Sacch. s. str.*の*Sacch. cerevisiae*，*Sacch. bayanus*，*Sacch. pastorianus*, *Sacch. paradoxus*の4"種"に*Sacch. sake*を加えた"5種"について"The yeasts"のkey characterで分類試験を行った（fructose能動輸送性試験は省略）。

Sacch. paradoxusの発育最高温度に"The yeasts"の記載と異ったが，他の性質は一致した。

　Sacch. sakeとSacch. bayanusがビタミン・フリー培地に増殖した。この性質はSacch. bayanusのkey characterであることから，Sacch. sakeはSacch. bayanusに近い。しかしSacch. bayanusの発育最高温度が34℃以下（"The yeasts"の記載と一致）であったのに対し，Sacch. sakeが37℃で増殖したことで区別される。また，Sacch. cerevisiae，Sacch. pastorianus，Sacch. paradoxusからも区別されSacch. sakeの独立性が見られる。尚，"The yeasts"ではType strainのSacch. sake Yabe（1895）は試験に用いられなくなったので，この点チェックが出来なかったと思われる。

　DNA相同性は，使用したSacch. sakeとSacch. cerevisiae^{T}は70〜92%であった。Sacch. sakeは生理試験ではSacch. bayanusに近く，DNA相同性ではSacch. cerevisiaeに類似している。尚，DNA相同性はkey characterとして導入されておらず，一部コメントで述べられ具体的には記載されていない。（電気泳動核型パターンの写真は当研究室，荘司丈之氏の協力による）。

　　　　　　　　　　　　文　　献
1) Cletus P. Kurtzman and Jack W. Fell : The yeasts. a taxonamic study. 4 th ed.（1998）
2) Carle, G. F., and M. V. Olsom : Natl. Sci. **82**, 3756-3760（1985）
3) Vaughan-Martini & Martini : System. Appl. Microbiol : **16**, 113-119（1993）

3．清酒「もろみ」での酵母生菌数及びアルコール生産の差異

　清酒「もろみ」でのアルコール20%前後の生産は米，米麹，水を原料とする「もろみ」の特性であってパン酵母，ワイン酵母，ビール酵母らも19〜20%を生産することが報告[1,2,3]された。開放発酵の実地醸造試験であって野生酵母の汚染が考えられるが，その点については考察されていなかった。本実験は，これらを考慮して前報のSacch. sensu stricto 5"種"を用いて清酒「もろみ」でのアルコール生産と酵母の生菌数を測定した。

　a）仕込方法：清酒「もろみ」の原料配合をTable 21に示した。総米160g

Table 21 Proportion of raw materials in *sake* mash.

	Soe[4] (1st feed)	Odori period days	Naka (2nd feed)	Tome (3rd feed)	Total
Rice (g)	40		50	70	160
for steamed rice[1]	30		38	55	123
for rice *koji*[2]	10	(1〜3)	12	15	37
Water (ml)	100		92		192
Lactic acid (ml)	0.2				
Yeast (v.cells)[3]	$10^{8\sim9}$				

1) polishing ratio was 90〜92%, 2) polishing ratio was 70〜75%, sterilized *koji* by alcohol treatment. 3) Yeast viable cells : supernatant liquid was removed after incubation at 28〜30℃ for 5〜7 days in YM liquid. 4) pH value after *Soe* feeding were in the range of 3.7〜3.9.

Table 22 Number of viable cells cultured in liquid medium.
(for 5〜7 days at 28〜30℃ in YM medium of 8 ml/tube).

Species	Number	V.cells[1]/ml	Species	IFO No.	V.cells[1]/ml	Species	IFO No.	V.cells[1]/ml
Sacch. sake	IFO		*Sacch. cerevisiae*	10217^T	1.0×10^7	*Sacch. bayanus*	1127^T	2.9×10^7
	0304^T	7.5×10^7		0253	5.7×10^7		0213	5.6×10^7
	0244	8.0×10^7		0614	2.3×10^7		0613	1.2×10^7
	0249	7.0×10^7		0751	3.6×10^7		0615	3.1×10^7
	0309	6.2×10^7		1046	4.1×10^7		1048	4.6×10^7
	ATCC			1049	3.8×10^7		0343	4.8×10^7
	32694	6.9×10^7		1226	4.5×10^7		1620	2.1×10^7
	32695	6.5×10^7		2000	4.2×10^7		10557	5.7×10^7
	32696	8.5×10^7		2011	2.0×10^7		10563	ND[2]
	32697	8.0×10^7		2018	4.1×10^7	*Sacch. pastorianus*	1167	5.6×10^7
	32698	8.0×10^7		0210	5.3×10^7		0250	3.6×10^7
	32699	8.5×10^7		1833	2.3×10^7		1961	2.2×10^7
	32700	1.1×10^8		1836	1.7×10^7		2003	3.9×10^7
	32701	9.0×10^7		1837	3.2×10^7		10010	3.1×10^7
	32702	9.0×10^7		1950	4.2×10^7		10610	3.5×10^7
	32703	8.5×10^7		1991	4.0×10^7	*Sacch. paradoxus*	10609^T	2.1×10^7
	Kyokai			1994	5.0×10^7		0259	1.6×10^7
	No.7	8.6×10^7		1997	6.2×10^7		0263	3.2×10^7
				1998	7.2×10^7		10553	3.1×10^7
				10055	5.0×10^7		10554	1.2×10^7
							10695	4.8×10^7

1) V (viable) cells : based on the number of colonies grown on YM agar. 2) ND : not determind.

麹歩合23.1%，汲水歩合120%の三段仕込である。尚，「添」の米麹は雑菌を殺菌するためにアルコール（80%）溶液に浸漬後，乾燥して用いた。酵母は液体培地に培養した沈でん細胞を「添」の仕込水に懸濁して加えた。

酵母によって発酵力に差異があり「もろみ」中で野生酵母や乳酸菌の汚染を防ぐために酵母の添加量（前培養 8 ml/tube～200ml/300ml三角フラスコ）や「踊」期間の品温，日数によって調整した。「留」後の品温は一律18～20℃で行った。

　b）YM液体培地での酵母の増殖量：YM液体培地 8 ml/tubeに培養した懸濁液を適当に稀釈し，平面培地に塗抹して出現したコロニー数からml中の菌数を算出した。結果をTable 22.に示した。全菌株とも10^7オーダであったが，Sacch. sakeが多く他の菌"種"より 2 ～ 4 倍の数であった。「添」仕込後の生菌数は添加した全細胞数/140g（米・米麹40g＋水100ml）から計算して「もろみ」 1 g中の生菌数として表わした。

　c）「もろみ」の酵母生菌数の測定：容器の三角フラスコを激しく振った後に，「もろみ」 2 mlをとり適当に稀釈し，上記のコロニー形成法で出現したコロニー数から，「もろみ」 1 g中の生菌数を算出した。

　数回の試験をくりかえし「もろみ」表面のガスが消えるまで容器を振ることで，菌数が最高値を示すことが分かった。尚，野生酵母や乳酸菌の汚染確認にはコロニーの形状，T. T. C染色及び乳酸菌用培地での増殖有無で確認した。

1．実験結果

　「もろみ」での酵母の生菌数とアルコール生産の経過をTable 23～27に示した。Sacch. sakeは「もろみ」期間が22～33日で，アルコールの生産は21.8～23.6％であった。「もろみ」初期の酵母数が（4.0～8.4）×10^8/gであった。実地仕込での「もろみ」の菌数より多い傾向であった。精米歩合90～92％の蒸米を用いたことも考えられるが，タンク内の「もろみ」は泡が発生しており完全に消すことが出来ない。本実験のように酵母が密集している泡を完全に消してから採取したことが，菌数が多く計算されたと推察している。実地仕込でのタンク内の酵母数は実際よりは低く算出されていると思われる。

　発酵終了後の生菌数は 1 株（7.7×10^6/g）を除いて（2.6～8.9）×10^7～（1.1

Table 23 Viable cells of yeast and alcohol production in *sake* mash of *Sacch. sake*.

Strain number	After *Soe* feed — V. cells/g of yeast	*Odori* (no feed) period (days)	*Odori* (no feed) Temperature (℃)	Temperature of mash:18~20℃ Fermenting Fermentation (days)	Fermenting V. cells/g of yeast	Fermentation finish Fermentation (days)	Fermentation finish V. cells/g of yeast	Alcohol (%)
IFO								
0304^T	[5.0×10^6]	1	18~20	4	6.0×10^8	32	8.9×10^7	22.5
0244	[5.3×10^6]	1	18~20	5	5.6×10^8	28	7.8×10^7	21.8
0249	[4.6×10^6]	1	18~20	5	6.6×10^8	31	1.1×10^8	22.8
0309	[4.1×10^6]	1	18~20	5	7.7×10^8	22	7.7×10^7	21.8
ATCC								
32694	[4.6×10^6]	1	18~20	4	4.0×10^8	22	7.7×10^6	22.0
32695	[4.3×10^6]	1	18~20	4	8.0×10^8	31	9.6×10^7	22.7
32696	[5.6×10^6]	1	18~20	5	8.2×10^8	33	1.2×10^8	23.6
32697	[5.3×10^6]	1	18~20	4	7.2×10^8	31	1.1×10^8	23.2
32698	[5.3×10^6]	1	18~20	4	5.0×10^8	28	8.4×10^7	23.5
32699	[5.6×10^6]	1	18~20	4	7.2×10^8	27	2.6×10^7	22.6
32700	[5.8×10^6]	1	18~20	4	8.4×10^8	26	3.0×10^7	22.7
32701	[6.0×10^6]	1	18~20	5	7.2×10^8	27	6.4×10^7	22.1
32702	[6.0×10^6]	1	18~20	4	7.3×10^8	31	7.8×10^7	23.1
32703	[5.6×10^6]	1	18~20	4	7.0×10^8	33	8.0×10^7	22.6
Kyokai								
No.7	[5.7×10^6]	1	18~20	5	7.8×10^8	27	1.5×10^7	22.0

V. cell:viable cells, based on the number of colonies grown on plate YM agar.
[ ]:based on the number of viable cells of yeast, which were added into.
Fermentation (days):days after *tome* feeding.

~1.2)×10^8/gであったが,発酵旺盛な「もろみ」初期の生菌数より少なかった。

　*Sacch. cerevisiae*は発酵終了までの期間が11~34日,アルコール生産量が12.4~19.9%で菌株によって異なった。「もろみ」初期の酵母数は,$10^{7~8}$/gオーダで3.6~4.6×10^8/gが最高菌数であった。*Sacch. sake*よりも少なかったが,添加酵母数,「踊」の品温や日数との関連性はなかった。発酵終了時の生菌数は検出されない(10^2>)菌株もあったが,$10^{4~6}$/gオーダの生菌数が多かった。しかし前記の*Sacch. sake*よりは少なかった。

　*Sacch. bayanus*は酵母添加量(10^7/gオーダ),「踊」の日数(2日)と品温(25~26℃)は同じ条件で行った。「もろみ」期間は29と58日を除いて,他は

Table 24 Viable cells of yeast and alcohol production in *sake* mash of *Sacch. cerevisiae*.

	IFO number	After *Soe* feed		*Odori* (no feed)		Temperature of mash：18〜20℃			
						Fermenting		Fermentation finish	
		V. cells/g of yeast	period (days)	Temperature (℃)		Fermentation (days)	V. cells/g of yeast	Fermentation (days)	V. cells/g of yeast	Alcohol (%)
(A)	10217^T	$[1.3 \times 10^7]$	1	18〜20	3	1.2×10^7	20	$10^2 >$	12.4
	0253	$[3.0 \times 10^6]$	2	18〜20	4	1.5×10^8	20	4.0×10^5	18.5
	0614	$[1.2 \times 10^6]$	1	18〜20	6	3.6×10^8	26	3.6×10^5	17.0
	0751	$[6.0 \times 10^6]$	2	18〜20	4	1.2×10^8	34	3.0×10^5	18.2
	1046	$[2.1 \times 10^6]$	2	18〜20	3	2.3×10^8	11	2.0×10^4	17.4
	1049	$[5.0 \times 10^6]$	1	28〜30	4	4.6×10^8	27	6.3×10^6	19.8
	1226	$[2.4 \times 10^6]$	2	18〜20	4	1.3×10^8	29	1.3×10^5	19.4
	2000	$[2.2 \times 10^6]$	2	18〜20	3	8.2×10^7	13	$10^2 >$	16.2
	2011	$[1.0 \times 10^6]$	1	18〜20	6	4.0×10^7	26	1.9×10^5	17.2
	2018	$[2.1 \times 10^6]$	2	18〜20	3	6.0×10^7	29	1.0×10^5	18.0
(B)	0210	$[6.0 \times 10^6]$	1	28〜30	4	8.4×10^7	23	9.2×10^5	15.8
	1833	$[3.0 \times 10^7]$	1	28〜30	5	1.2×10^8	18	$10^2 >$	18.0
	1836	$[2.2 \times 10^7]$	2	18〜20	4	5.1×10^7	14	1.4×10^4	17.8
	1837	$[4.2 \times 10^6]$	1	28〜30	5	3.9×10^8	27	4.0×10^5	19.7
	1950	$[2.2 \times 10^6]$	1	25〜26	3	1.3×10^8	17	$10^2 >$	16.8
	1991	$[5.3 \times 10^6]$	1	28〜30	4	4.3×10^8	27	1.9×10^5	19.9
	1994	$[6.6 \times 10^7]$	1	28〜30	5	1.2×10^8	16	2.8×10^5	17.4
	1997	$[8.0 \times 10^7]$	2	25〜26	2	3.2×10^7	23	9.0×10^5	16.4
	1998	$[9.3 \times 10^7]$	2	28〜30	2	5.6×10^7	23	1.4×10^4	16.2
	10055	$[1.0 \times 10^7]$	2	25〜26	2	1.0×10^8	20	4.0×10^4	13.6

11〜20日間であった。アルコール生産は14.6〜16.5％で菌株間に大きな違いはなかった。「もろみ」初期の酵母数は10^8/gオーダに達しない菌数もあったが，多くても（1.0〜1.5）$\times 10^8$/gであった。発酵終了時の生菌数は，ほとんどの菌株に検出されなかったが，1株（IFO 0615）が6.4×10^4/gの生菌数であった。本菌数は58日間の長い期間，僅かにガス発生を持続したがアルコール生産は14.6％であった。

*Sacch. pastorianus*は酵母添加量（10^7/gオーダ），「踊」の期間と品温は上記の*Sacch. bayanus*と同じ条件である。「もろみ」期間は11〜23日間で，アルコール生産は13.8〜16.4％であった。「もろみ」2〜3日後の酵母数（2.8〜8.0）$\times 10^7$〜（1.1〜2.0）$\times 10^8$/gが，それから2〜3日経過して生菌数が減少してい

Table 25 Viable cells of yeast and alcohol production in *sake* mash of *Sacch. bayanus*.

IFO number	After Soe feed V. cells/g of yeast	Odori (no feed) period (days)	Odori (no feed) Temperature (°C)	Temperature of mash: 18~20°C Fermenting Fermentation (days)	Temperature of mash: 18~20°C Fermenting V. cells/g of yeast	Temperature of mash: 18~20°C Fermentation finish Fermentation (days)	Temperature of mash: 18~20°C Fermentation finish V. cells/g of yeast	Temperature of mash: 18~20°C Fermentation finish Alcohol (%)
1127^T	[1.9×10^7]	2	25~26	3	1.5×10^8	15	$10^2 >$	16.5
0213	[7.0×10^7]	2	25~26	2	1.0×10^8	16	$10^2 >$	15.6
0613	[1.6×10^7]	2	25~26	4	6.6×10^7	20	$10^2 >$	14.7
0615	[4.1×10^7]	2	25~26	3	1.4×10^8	58	6.4×10^4	14.6
1048	[6.1×10^7]	2	25~26	4	7.0×10^7	13	$10^2 >$	15.1
1343	[6.4×10^7]	2	25~26	2	5.0×10^7	11	$10^2 >$	15.0
1620	[1.4×10^7]	2	25~26	3	1.8×10^7	11	$10^2 >$	15.4
10557	[7.0×10^7]	2	25~26	3	6.4×10^7	29	$10^2 >$	15.4
10563		2	25~26	3	1.2×10^8	15	$10^2 >$	16.1

Table 26 Viable cells of yeast and alcohol production in *sake* mash of *Sacch. pastorianus*.

IFO number	After Soe feed V. cells/g of yeast	Odori (no feed) period (days)	Odori (no feed) Temperature (°C)	Fermenting Fermentation (days)	Fermenting V. cells/g of yeast	Fermenting Fermentation (days)	Fermenting V. cells/g of yeast	Fermentation finish Fermentation (days)	Fermentation finish V. cells/g of yeast	Fermentation finish Alcohol (%)
1167	[3.7×10^7]	2	25~26	3	1.1×10^8	5	1.6×10^7	18	$10^2 >$	14.3
0250	[4.8×10^7]	2	25~26	2	8.0×10^7	4	2.4×10^7	11	$10^2 >$	16.4
1961	[1.4×10^7]	2	25~26	3	1.1×10^8	—	—	19	4.4×10^3	14.8
2003	[5.2×10^7]	2	25~26	2	1.2×10^8	4	1.9×10^8	23	6.0×10^3	16.2
10010	[4.1×10^7]	2	25~26	2	2.0×10^8	5	9.0×10^7	21	$10^2 >$	16.2
10610	[2.3×10^7]	2	25~26	3	2.8×10^7	6	3.8×10^7	19	$10^2 >$	13.8

Table 27 Viable cells of yeast and alcohol production in *sake* mash of *Sacch. paradoxus*.

IFO number	After Soe feed V. cells/g of yeast	Odori (no feed) period (days)	Odori (no feed) Temperature (°C)	Fermenting Fermentation (days)	Fermenting V. cells/g of yeast	Fermentation finish Fermentation (days)	Fermentation finish V. cells/g of yeast	Fermentation finish Alcohol (%)
10609^T	[1.0×10^6]	3	25~26	5	5.2×10^8	11	$10^2 >$	16.8
0259	[8.0×10^5]	3	25~26	5	3.6×10^8	19	$10^2 >$	17.0
0263	[1.6×10^6]	3	25~26	5	3.2×10^8	13	2.1×10^5	15.7
10553	[1.6×10^6]	3	25~26	5	4.0×10^8	11	$10^2 >$	15.1
10554	[1.6×10^7]	2	25~26	3	2.6×10^8	19	4.0×10^4	16.8
10695	[2.5×10^6]	3	25~26	5	3.2×10^8	16	$10^2 >$	16.6

るのがあった。これは肉眼でも発酵ガスの発生が弱くなったのが感じられた。発酵終了時の生菌数はほとんど検出されなかった。以上，本菌"種"は前記のSacch. bayanusと同じ傾向を示した。

Sacch. paradoxusは，酵母の添加量が前記の2"種"より少ないが「踊」期間2～3日，品温25～26℃である。「もろみ」の発酵期間は11～19日でアルコール生産は15.1～17.0％で大差なかった。「もろみ」初期の酵母数は（2.6～5.2）×10^8/gであった。Sacch. sakeより少ないが，Sacch. cerevisiaeのなかで最高菌数を示した菌株と同じ値であった。このように多くの菌数を形成するが発酵期間も短く，発酵終了時には2株に（4.0×10^4）と（2.1×10^5）/gの生菌数が認められたが，他の菌株は検出されなかった。

2. Sacch. sakeの特異性

Sacch. sakeはYM液体培地での増殖が他の菌"種"より2～4倍量であった。「もろみ」中でも大半の酵母が（6.0～8.4）×10^8/gの菌数で他の菌"種"より多かった。一方，発酵終了時のアルコール濃度は21.8～23.6％であった。菌数は減少しているが，1株を除いて（1.5～8.9）×10^7～（1.1～1.2）×10^8/gの生菌数であった。これはアルコール濃度が21～23％に達しても酵母が生存しアルコール発酵が行われたもので，Sacch. sakeの生存能及び発酵能のアルコール耐性は21～23％であると言える。

Sacch. cerevisiaeのアルコール生産は12.4～19.9％で，発酵終了時の生菌数にも菌株間に差が見られたが，4株に検出されず他の菌株は$10^{4～6}$/gオーダで検出された。Sacch. sakeと異なるのは，アルコール濃度が低いのに生菌数が少ない。これは生存能のアルコール耐性がSacch. sakeより低いことを意味しており，Sacch. cerevisiaeの生存能のアルコール耐性は12～19％以下である。

Sacch. bayanusはアルコール生産が14.7～16.5％，生存能のアルコール耐性は14～16％以下で発酵終了時は，ほとんどの菌株が消滅していた。

Sacch. pastorianusはアルコール生産が13.8～16.4％，生存能のアルコール耐性は13～16％以下であった。これは前記Sacch. bayanusと同じ傾向であった。

Sacch. paradoxusはアルコール生産が15.1～17.0%,生存能のアルコール耐性が15～16%以下で殆んどの菌株が消滅していたが，生存したとしても$10^{4～5}$/gオーダであった。本菌"種"の特徴として「もろみ」初期に(2.6～5.2)×10^8/gの菌数を形成することであった。

　以上，Sacch. sakeは他"種"と比べて，「もろみ」中に多くの菌数を形成し，生存能のアルコール耐性が高くアルコール生産量も多いのが特性である。

文　　　献

1) 山田正一，森孝三，井上忠夫：醸協, **38**, 65（1943）
2) 山田正一，室谷博：醸協, **41**, 9（1946）
3) 山田正一，室谷博，井上忠夫，田中八右衛門：醸協, **41**, 10（1946）

4. 清酒「もろみ」での高泡形成の差異

　発酵旺盛な時期に，清酒「もろみ」は高泡を形成するのが普通である。これは清酒酵母の細胞表層の特性によるもので，表層に疎水基が露出し気泡（発酵ガス）に吸着して高泡を形成すると考えられている。これに対しビール酵母，ワイン酵母，パン酵母らは発酵ガスを発生するが，高泡を形成[1]しない。本実験では，前記で使用したSacch. sensu stricto 5"種"について高泡形成試験を行った。

a) 清酒「もろみ」の原料配合：容器の大きさで異なるが，Table 28に示すようにテストNo.1は300ml三角フラスコで総米130 g，水200ml。テストNo.2は円筒形の１ｌ容量で総米260 g，水

Table 28　Materials for high foams formation of yeast. (After yeast addition was maintained at 18～20℃).

	Test	
	No.1	No.2
Rice (g)[1]	130	260
for steaming rice	100	200
for rice koji[2]	30	60
Water (ml)	200	400
Lactic acid (ml)	0.4	0.8
Yeast cell	10^8	$10^{8～9}$

Test No.1：using Erlenmeyer's flask of 500ml
　　No.2：using vessel of 1 l.
1) polishing ratio was 70～75%.
2) No alcohol treatment.

400mlである。両者とも精米歩合70～75%，米麹使用歩合23%，汲水歩合154%，乳酸2ml/水1の割合。酵母はYM液体培地に前培養した沈でん細胞を加えて18～20℃に放置した。米麹のアルコール浸漬による殺菌は，高泡形成を弱くするのでそのまま使用した。

　b）麦汁：麦芽1kgに300～400mlの湯を加え50～60℃で，約2時間放置して濾過後，約10分煮沸し再度濾過する。その濾液を1lの円筒形容器に700mlを入れ，沈でん酵母を加えて18～20℃に放置した。

実験結果

　a）清酒「もろみ」での高泡形成

酵母添加して1～3日後にはガスの発生が認められた。高泡を形成する菌株は，3日後には高泡を形成し5～6日間持続する。その後は泡の形成も弱くなり高泡形成を始めてから10日間位を経過すると泡の形成は見られない。しかしガスの発生は持続する。高泡の高さが菌株で異なったが，テストNo.1で泡の形成が弱くてはっきりしないのはテストNo.2で行った。また繁殖，ガス発生の遅い菌株は酵母の接種量を多くした。

*Sacch. sake*はテストNo.1で行った。高泡の高低に違いが見られたが全菌株とも明らかに高泡を形成した。

Sacch. cerevisiae，*Sacch. bayanus*，*Sacch. pastorianus*，*Sacch. paradoxus*はテストNo.2で2～3回行った。全菌株が高泡を形成しなかった（再現性があった）。しかし発酵ガスの発生は旺盛であった。

以上，*Sacch. sake*は高泡を形成するが他の菌"種"はすべて形成しなかったことは，分類でのkeyとして用いることができる。

　b）麦汁での高泡形成

各"種"の代表株で行った。酵母を添加して1日後には僅かな増殖であったが，2日後には液内が白濁し表面には高さ1cm位の泡を形成し，5"種"間に違いは見られなかった。ビールをグラスについだ時に発生する泡の性質に似ており粘りけのないさらついた感じで，これは気泡が大きく粘りけのある清酒「もろみ」の泡とは異なった性質であった。

(A) *Sacch. sake* IFO 0304^T (high foams forming yeast)

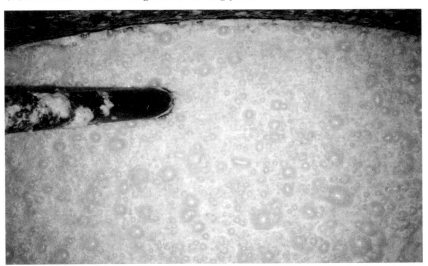
(B) *Sacch. cerevisiae* (wine yeast OC. 2) IFO 2260 (non high forms forming yeast)

Fig. 14 Difference of high foams formation of yeast in large *sake* mash.
　　　　Proportion of raw materials in *sake* mash :
　　　　　　A) steamed-rice of 1,017kg, rice *koji* of 303kg and water 1,650 l.
　　　　　　B) steamed-rice of 620kg, rice *koji* of 180kg and water 1,020 l.

10日後になると発酵が弱くなりIFO 1127, 1167, 0263は菌体が器底に沈でんし液内は澄明となった。IFO 10217は増殖が遅いため2日後も他の菌"種"に比べ液内の白濁がうすかった。10日後も僅かに白濁が残っているが，15日後には前記3"種"と同様に澄明となった。清酒酵母IFO 0309も同じであった。以上，麦汁では表面の泡の状態，液内での繁殖及び沈でん状態など各"種"間に違いは見られなかった。その他ブドウ汁，麹汁，YM培地，合成培地等でも同様であった。

　高泡形成試験は，清酒「もろみ」に限定されるが前記のアルコール生産試験で行った「もろみ」では，高泡形成株でも再現性を得ることができない。これは「添」仕込に用いる米麹をアルコール処理すると泡の形成が弱くなることが分かった。また「添」仕込で多数の酵母を添加し高温経過をとったため高泡形成に必要とするデキストリ系の物質が少なく粘性が不足するためと考えられる。

文　　献
1) 竹田正久，塚原寅次：発工，**53**, 103-111 (1975)

5. カリ欠培地での増殖, イーストサイジン耐性, 細胞表層荷電 (pH3.0) 及び抗原構造No.5の差異

①カリ欠培地での増殖 (Growth in potassium-free medium).

　Table 29.に示したカリ欠培地を試験管に5～6 ml分注し殺菌後，YM液体培地に前培養した酵母を蒸留水で3回洗滌し，その懸濁液1滴を接

Table 29　Composition of potassium-free medium.

glucose	100g
$(NH_4)_2SO_4$	2 g
$NH_4 \cdot H_2PO_4$	0.46g (P4 mM)
$MgSO_4 \cdot 7H_2O$	0.493g (Mg 2 mM)
$CaCl_2 \cdot 2H_2O$	0.294 g (Ca 2 mM)
KCl	0
NaCl	0.116g (Na 2 mM)
H_3BO_3	1.2mg
$MnSO_4 \cdot 5H_2O$	2.4mg
$FeSO_4 \cdot 7H_2O$	2.8mg
$ZnSO_4 \cdot 7H_2O$	2.9mg
$CuSO_4 \cdot 5H_2O$	0.25mg
tris (hydroxymethyl) aminomethan	1.211g ⎫ pH4.0
succinic acid	2.4g ⎭
inositol	25mg
Ca-pantothenate	2.5mg
biotin	0.025 mg
thiamine・HCl	0.5mg
pyridoxine・HCl	0.5mg
nicotinic acid	0.5mg
distilled water	1 l

種（細胞数$10^{4～5}$/培地ml）して27～28℃で10日間培養する。

②抗菌性物質，イーストサイジン耐性（Antibiotics yeastcidin resistance）．

Ballg 7～10°，pH 6～7の麹汁を三角フラスコに分注（表面積を広くする）殺菌後，麹菌（*Aspergillus oryzae*）を25～27℃，20～25日間静置培養して濾過する。濾液には麹菌が生産した抗菌性物質のイーストサイジンが含まれる。培養液の一部をとって耐性試験を行う。清酒酵母が増殖し抵抗性の弱い既知の菌株が増殖しないことを確かめて全体を濾過する。清酒酒酵母より耐性の弱い菌株のなかでも耐性に強弱がある。パン酵母群[1]に耐性株が多いのでそれから選ぶとよい，例えばIFO 2042[2]。

濾液をpH 4～5に調整（NaOH）し，試験管に6～7 mlを分注殺菌して培地とする。これにYM液体培地に前培養した供試株の懸濁液を1白金輪接種し27～28℃，7日間培養する。増殖する菌株をイーストサイジン耐性＋で表示した。尚，抗菌性物質のイーストサイジンは麹汁のみで生産する。

③細胞表層荷電，pH3.0（Electric charge on cell surface at pH3.0）[3,4].

pH3.0の洗浄細胞懸濁液をU字管型泳動セルを用いて，界面移度電気泳動法を行った。細胞が陽極方向への泳動を－，陰極への泳動を＋で表示し，酵母細胞表面の荷電状態と同一にした。

④抗原構造No.5（Antigenic structure No.5）[5].

抗原として*Sacch. uvarum* IFO 0751を用いて得られた抗血清から吸収菌として*Sacch. sake* kyokai No.7を用いて吸収血清No.5を作製した。YM寒天培地で培養した供試菌株の細胞懸濁液と吸収血清No.5をスライド上で反応させ，凝集性を示したのを抗原No.5を有する菌株として＋で表示した。

実験結果

各酵母の性質をTable 30～34.に表示した。

a）カリ欠培地での増殖は，*Sacch. sake*が＋と－に分けられたが，他菌"種"*Sacch. cerevisiae*, *Sacch. bayanus*, *Sacch. pastorianus*及び*Sacch. paradoxus*の全菌株に増殖が認められず－であった。

b）イーストサイジン耐性は，*Sacch. sake*の全ての菌株が耐性＋であった

Table 30 Some properties of *Sacch. sake.*

Strains number	Growth K-free medium	Yeastcidin[1] resistance	Electric charge on cell surface at pH3.0	Antigen structure No.5
IFO				
0304ᵀ	−	+	+	−
0244	−	+	+	−
0249	−	+	+	−
0309	−	+	+	−
ATCC				
32694	+	+	+	−
32695	+	+	+	−
32696	−	+	+	−
32697	−	+	+	−
32698	+	+	+	−
32699	−	+	±	−
32700	−	+	+	−
32701	+	+	+	−
32702	+	+	+	−
32703	+	+	+	−
Kyokai No.7	+	+	+	−

K : potassium.

1) growth in the cultured-filtrate of *koji* mold produced antibiotic yeastcidin (the yeastcidin was produced by the *Aspergillus oryzae* in the liquid medium of *koji* extract).

Table 31 Some properties of *Sacch. cerevisiae.*

	IFO number	Growth K-free medium	Yeastcidin resistance	Electric charge on cell surface at pH3.0	Antigen structure No.5
(A)	10217ᵀ	−	−	−	+
	0253	−	−	−	+
	0614	−	−	+	+
	0751	−	−	−	+
	1046	−	−	−	+
	1049	−	−	−	+
	1226	−	−	−	+
	2000	−	−	−	+
	2011	−	−	−	+
	2018	−	−	−	+
(B)	0210	−	−	−	+
	1833	−	−	−	+
	1836	−	−	−	+
	1837	−	−	+	+
	1950	−	−	+	+
	1991	−	−	−	+
	1994	−	−	−	+
	1997	−	−	−	+
	1998	−	−	−	+
	10055	−	−	−	+

Table 32 Some properties of *Sacch. bayauns*.

IFO number	Growth K-free medium	Yeastcidin resistance	Electric charge on cell surface at pH3.0	Antigen structure No.5
1127ᵀ	−	−	−	+
0213	−	−	−	+
0613	−	−	−	+
0615	−	−	−	+
1048	−	−	−	+
1343	−	−	−	+
1620	−	−	−	+
10551	−	−	−	+
10563	−	−	−	+

Table 33 Some properties of *Sacch. pastorianus*.

IFO number	Growth K-free medium	Yeastcidin resistance	Electric charge on cell surface at pH3.0	Antigen structure No.5
1167	−	−	−	+
0250	−	−	−	+
1961	−	−	±	+
2003	−	−	−	+
10010	−	−	−	+
10610	−	−	−	+

Table 34 Some properties of *Sacch. paradoxus*.

IFO number	Growth K-free medium	Yeastcidin resistance	Electric charge on cell surface at pH3.0	Antigen structure No.5
10609ᵀ	−	−	−	+
0259	−	−	−	+
0263	−	−	−	+
10553	−	−	−	+
10554	−	−	−	+
10695	−	−	−	+

（麹菌培養液に増殖）。一方，他の4"種"の全菌株に耐性が認められず−であった。

　c）pH3.0における細胞表層の荷電状態は，*Sacch. sake*は1株（IFO 32699）が±（pH3.0でneutral，等電点）で，他の菌株は＋荷電であった。*Sacch. cer-*

*evisiae*は3株が＋荷電で,他の17株は－荷電。*Sacch. bayanus*は全菌株が－荷電。*Sacch. pastorianus*は1株が±で,他の菌株は－荷電。*Sacch. paradoxus*も全菌株が－荷電であった。

d) 抗原構造No.5は,*Sacch. sake*の全菌株が－であった。これに対し*Sacch. cerevisiae*,*Sacch. bayanus*,*Sacch. pastorianus*及び*Sacch. paradoxus*の全ての菌株が抗原No.5を有しており＋であった。

以上,カリ欠培地での増殖で*Sacch. sake*が＋／－の性質で明確な分類基準とはならないが,他の菌"種"が全て－である点は参考となる。

細胞表層(pH3.0)の荷電が*Sacch. sake*＋／(±),*Sacch. cerevisiae* －／(＋),*Sacch. bayanus* －,*Sacch. pastorianus* －／(±)及び*Sacch. paradoxus* －で表現できて分類基準となる。( )はrarelyを意味する。そしてイーストサイジン耐性と抗原No.5の性質で*Sacch. sake*が＋と－で,他の菌"種"がすべて－及び＋であったことなどから,他の4"種"の*Sacch.* sensu stricto から*Sacch. sake*は区別される菌"種"である。

文　　献

1) 竹田正久,塚原寅次:発協.**23**, 449-458 (1965)
2) 穂坂賢,新宅信彦,矢作直子,中田久保,坂井劭,塚原寅次:発工,**65** (3), 191-197 (1987)
3) HIROO MOMOSE, KIMIO IWANO and RYOZŌ TONOIKE:J. Gen. Appl. **15**, 19-26 (1969)
4) 角野一成,川瀬治,谷喜雄,福井三郎:発工,**44** (9), 594-601 (1966)
5) 小玉健太郎,小崎道雄,北原覚雄:発工,**53** (11), 763-769 (1975)

Ⅳ. Original name, *Saccharomyces sake* の復活は可能

　清酒酵母の*Sacch. sake*は，*Sacch. cerevisiae* complexに統合されていた。"The yeasts, 4版"ではDNA相同性が4つに分けられることから，それぞれ*Sacch. cerevisiae, Sacch. bayanus, Sacch. pastorianus, Sacch. paradoxus*の4種がもうけられている。DNA類似度のみで分類されたのではなく，各々の形質の違いが見出されkeyとして採用されている。しかしこれらのkey characterによる清酒酵母の位置付けは明確にされていない。

　即ち，先にも述べたが*Sacch. sake*はビタミン・フリー培地での増殖が＋で，*Sacch. bayanus*に近い菌"種"となるが，発育温度が37℃で増殖し，*Sacch. bayanus*は34℃で発育しない点で異なり*Sacch.* sensu strictoの4"種"のどの"種"にも属しないことになる。

　4版"The Yeasts"のkey characterにこれまでに述べてきた形質を加え，*Sacch. sake*を含んだ*Sacch.* sensu stricto 5 "種"の性質をまとめたのがTable 35.である。melezitoseの資化性を始めとして新に追加した形質は8項目である。これらの形質のなかでイーストサイジン耐性，細胞表層荷電，抗原構造No.5及び清酒「もろみ」でのアルコール生産と高泡形成等の形質は，*Sacch. sake*の形質に対し他の4"種"が全く逆の性質を示し，sensu strictoの4"種"とはかけ離れた独立した存在である。そして*Sacch. sake*を*Sach. bayanus, Sacch. cerevisiae*から明確に区別することができた。Ⅵ番染色体の大きさで*Sacch. sake*と*Sacch. paradoxus*が他"種"と異なり270（kb）＜であったが，他の形質で異なった。

　melezitoseの資化性は*Sacch. sake, Sacch. bayanus, Sacch. pastorianus*が－で，*Sacch. paradoxus*は＋であった。*Sacch. cerevisiae*は＋／－であるが，＋は醸造酵母のビール酵母，ワイン酵母で，その他の*Sacch. cerevisiae*は－である。しかし*Sacch. bayanus, Sacch. pastorianus*にも醸造酵母が含まれるが，*Sacch. sake*

Table 35 Salient characteristics to distinguish *Sacch. sake* and other species of *Sacch.* sensu stricto.

Saccharomyces sensu stricto	Assimilation		Growth at (°C)			Growth		Yeast[1] cidin resit.	E.charge[2] cell surface	Antigen[3] No.5	VI Chrom.[4] Size (Kb)	in *Sake* mash Alc.produc.[5]	High[6] foams
	Mz	D·M	34	35	37	Vt-free	K-free						
S.sake	−	−	+	+	+	+	+/−	+	⁺/(±)	−	270</(=)	21.8~23.6	+
S.cerevisiae	+/−	−	+	+	⁺/(−)	−	−	−	⁻/(+)	+	270>/(≦)	12.4~19.9	−
S.bayanus	−	(v)/−	−	−	−	⁺/(−)	−	−	−	+	270≒/?	14.6~16.5	−
S.pastorinus	−	−	+/−	−	−	(ws)/−	−	−	⁻/(±)	+	270>	13.8~16.4	−
S.paradoxus	+	+	+	w/−*	−*	(ws)/−	−	−	−	+	270<	15.1~17.0	−

※Difference from key of "The yeasts, 4 th ed. (1998)". Mz : melezitose (at 30~31℃). D・M : mannitol. Vt.-free : growth in vitamin-free medium (Wickerham medium containing ammonium sulfate as nitrogen source). K-free : growth in postassium-free medium containing 2 mM sodium. W : weak. S : slow. V : variable. ( ) : rarely.

1) Yeastcidin resistance : growth in filtate (cntaining antibiotic yeastcidin) cultivated *Aspergillus oryzae* in the liquid medium of mold rice extract. + : grew. − : not grew.
2) Electric charge on cell surface at pH3.0 : + : showed positive charge. − : negative charge. ± : neutral.
3) Antigen structure No.5 : + : contained antigen No.5. − : not contained.   4) VI Chromosome.   5) Alcohol (%) production.
6) High foams formation.

と同様に-であった。

 4版"The yeasts"でビール酵母の*Sacch. cerevisiae* Meyen ex E.C Hansen (1883) に統合されている菌"種"のなかで，melezitoseを資化しない醸造酵母以外の酵母は，新たな菌"種"として区別される可能性がある。

 mol%G+CとDNA-DNA相同性：

　a）DNAの抽出と精製

 フェノール法を使い，large scaleで行なった。またRNAの分解はRNaseAとRNaseT1を用いた。精製度の検定は分光光度計を用いて紫外吸収曲線を作成し，波長260nmと280nmの吸光度比（260/280=1.8〜2.0），波長230nmと260nmの吸光度比（230/260=0.45）から判断し，260/280が1.8〜2.0の範囲にないときは，再度精製した。またHPLCの分析結果からも判断した。

　b）G+C含量（mol%）

 高速液体のクロマトグラフィー（HPLC）を使用し，玉岡らの方法に準じて行なった。スタンダードには，ヤマサGCKITのヌクレオチド標準混合物をアルカリフォスファターゼ処理し，それを用いた。

　c）DNA-DNA相同性（hybridization）

 非アイソトープであるフォトビオチンを用いたフォトビオチンマイクロプレートハイブリダイゼーション法で行なった。Probe DNAとして*Sacch. sake* IFO 0304^T, *Sacch. cerevisiae* IFO 10217^T, *Sacch. bayanus* IFO 1127^T, *Sacch. pastorianus* IFO 1167, *Sacch. paradoxus* IFO 10609^T を用いて，*Sacch. sake*15株とのDNA-DNA相同性を測定した。

 実験結果

 GC含量は*Sacch. sake*（15株）35.7〜37.7%の範囲で，*Sacch. cerevisiae*と*Sacch. paradoxus*は同範囲内にあった。*Sacch. bayanus*と*Sacch. pastorianus*は若干高い傾向であったが5"種"間に区別される値ではなかった（Table 36）。

 *Sacch. sake*と他の*Sacch.* sensu stricto 4"種"間のDNA-DNA hybrization（再会合性実験）における値（以下，類似度（%）と言う）をTable 36.示した。*Sacch. sake*（15株）は*Sacch. cerevisiae* IFO 10217^{T}との類似度が70〜92%であったの

Table 36 Extent of DNA hybridization between *Sacch. sake* and other species of *Sacch.* sensu stricto.

Strains	Percent DNA hybridization (similarity)				
	S. sake IFO 0304^T	*S. cerevisiae* IFO 10217^T	*S. bayanus* IFO 1127^T	*S. pastorianus* IFO 1167	*S. pradoxus* IFO 10609^T
S. sake IFO 0304^T	100	81	25	38	52
Other 14 strains of *S. sake*	72〜97	70〜92	21〜30	35〜57	25〜44* 46〜61**

* 4 strains, ** 10 strains.

mol%　GC of DNA： *S. sake* IFO 0304^T, 36.8.　other 14 strains of *S. sake*, 35.7〜37.7.
　　　　　　　　　S. cerevisiae IFO 10217^T, 36.8.　*S. bayanus* IFO 1127^T, 38.4.
　　　　　　　　　S. pastorianus IFO 1167, 38.4.　*S. paradoxus* IFO 10609^T, 36.6.

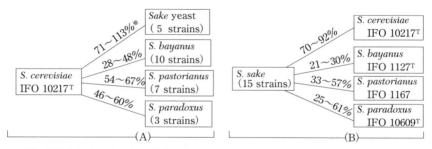

Fig.15 DNA hybridization (%) of *Sacch.* sensu stricto.
　　(A) From "Y. Yamada, K. Mikata and I. Banno：Bull. JFCC **9**, 5-119 (1993)"
　　　※*Sake* yeast：IFO 0304, 71%.　IFO 0244, 113%.　IFO 0249, 97%.
　　　　　　　　　　IFO 0309, 76%.　Kyokai No. 7, 81%.
　　(B) Our examined.

に対し，*Sacch. sake*と*Sacch. bayanus* IFO 1127^T 及び*Sacch. pastorianus* IFO 1167の2種間との類似度は50%以下（1株，57%）であった。*Sacch. paradoxus* IFO 10609^{T}との類似度は25〜61%で広い範囲を示した。以上，*Sacch. sake*と*Sacch. cerevisiae*の基準株が高いDNA類似度の値を示した。

　山田[1)]らの報告と比較したのがFig. 15である。*Sacch. cerevisiae* IFO 10217^{T}は*sake* yeast（sym：*Sacch. cerevisiae*，5株）との類似度が71〜113%で高い値いを示（Fig. 15の（A））し，他の3"種"とは低い値を示しているのは，筆者らの結果（Fig. 15の（B））と概ね一致する。また*Sacch. paradoxus*との

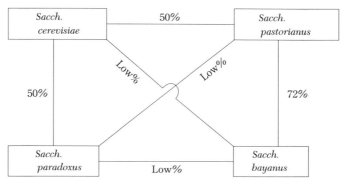

Fig.16 DNA hybridization (%) between some speies of *Sacch*. sensu stricto. From "The yeasts, 4 th ed. (1998)"

類似度が46〜60%で，25〜44%の低い値は見られないが，使用菌株が少ないので比較できない。

　各"種"間のDNA類似度を"The yeasts, 4版"から紹介するが，*Sacch.*属の解説文の最後のコメントで次の様に記載されている。「Intermediate values of nucleotide sequence homology have been found between some species of this complex: 72% between *S. bayanus* and *S. pastorianus* and about 50% between *S. cerevisiae* and both *S. pastorianus* and *S. paradoxus*. Low nucleotide sequence homology was seen between *S. bayanus* and *S. cerevisiae* and between *S. paradoxus* and *S. bayanus* or *S. pastorianus*.」。具体的な数値ではないが，これを図示したのがFig. 16である。*Sacch*. sensu stricto 4 "種"間のDNA類似度が低く，形質の違いも見出されていることから妥当な分類法が確立されている。一方，*Sacch. sake*は"The yeasts, 4版"においても従来通り*Sacch. cerevisiae*のsynonymとして扱われている（key characterのビタミン要求性は異なる）。山田[1]ら，筆者らの実験結果においてDNA類似度が高いことから当然の様に思われるが，"The yeasts, 4版"では実験株として*Sacch. sake*が使用されていないことも考えておかねばならない。

　DNA類似度は，あくまでも補足的なものであって絶対的なものではない。

*Sacch. sake*と*Sacch. cervisiae*の類似度が70〜100％内であるのに，筆者らの研究結果から多くの形質で区別されることは，むしろ問題提起となる。筆者らは安定した再現性のある，しかも多くの形質で区別されることを重視して矢部[2]が命名した清酒酵母のspecies original name, *Sacch. sake*は*Sacch. cervisiae*と区別するのが妥当と考える。

文　　献
1) 山田より子, 見方洪三郎, 坂野勲：Bull. JFCC, Vol (**9**), 95-119 (1993)
2) Yabe, K.：Bull. Imp. Univ. Coll. Agr. Tokyo. **3**, 22-224 (1897)

V. 酒蔵外からの清酒酵母の分離

分離方法：蒸米2.0kg，米麹0.6kg，酵素剤（グルクSB）0.5g，水4.2lを55℃で24～25時間糖化し，終了後乳酸水50ml（乳酸29ml）を加える。この糖化「もろみ」を500ml三角フラスコに約300mlを加え100℃，40分間殺菌して集積用の培地とした。これに資料約50gを加え25℃前後に放置した。

初期には表面に産膜性の菌が繁殖するので殺菌した薬匙で攪拌した。発酵がおとろえた時期に，資料を殺菌水に懸濁して，YM寒天培地（アルコール4％）の平面上に塗抹した。25～28℃で5～7日間培養して，出現したコロニーを釣菌した。

分離酵母をグルコース10％のYM液体培地に接種し，増殖初期にガス発生旺盛で表面に膜，リングを形成しない菌株を選んだ。分離菌株についてイーストサイジン耐性と清酒「もろみ」でのアルコール生産試験及び高泡形成試験を前報に従って行った。

分離酵母のタイプ：酵母の胞子形成，細胞形態，糖類の発酵性・資化性試験を行っていないので明確な同定はできないが，上記の3性質から酵母のタイプを想定した。清酒「もろみ」でアルコール20％以上を生産，高泡形成及びイーストサイジン耐性株を sake type とみなした。またアルコール生産19％以上を生産するが，高泡を形成せず，イーストサイジン耐性＋or－株が見られるが，この様な性質は焼酎酵母[1]に多く見られることから shōchū type とした。

結果：資料は主に土，腐葉土，川岸の砂土，樹皮，花などで酒蔵の庭から採取したのもあるが，多くは酒蔵から遠くはなれた場所である。採取場所と分離酵母の性質を表1，2，3に示した。

北極圏内ノルウェー最北端（北緯70度，10分）ツンドラ状台地の表土から sake type の酵母が分離された。清酒酵母は自然界どこにでも存在しており，例えば当地で清酒「もろみ」の仕込をやれば清酒酵母が優位に増殖して発酵

表1 酒蔵外から清酒酵母の分離（1）

採取			分離酵母記号	イーストサイジン耐性	清酒「もろみ」			酵母タイプ
年・月・日	場所				アルコール生産（％）	高泡形成	酸度(ml)	
H 7.8.13	ノルウェー最北端（ツンドラ）		R 2	+	19.6〜20.7	+	3.3	*sake*
H 6.9.6	富士山噴火口（砂）		FM 2	−	19.4〜20.6	W	2.4	*shōchū*
H.9.3.11 (熊本)	阿蘇山周辺	米塚（土）	AS 1	+	21.8〜22.6	+	3.6	*sake*
		〃	AS 2	+	22.7〜22.7	+	3.8	*sake*
		〃	AS 3	+	22.1〜22.8	+	3.6	*sake*
		草千里，（杉林）	AS 4	−	17.6〜18.0	−	4.8	
		〃　〃	AS 5	+	19.3〜21.6	+	2.8	*sake*
		草千里（土，草）	AS 6	−	17.6〜18.5	−	4.0	
		〃　〃	AS 7	+	21.1〜21.2	+	2.2	*sake*
		〃　〃	AS 8	+	22.5〜22.7	+	3.7	*sake*
		〃　（湿地）	AS 9	+	22.6〜23.1	+	3.7	*sake*
		〃　〃	AS10	−	21.2〜22.4	−	4.1	*shōchū*
		〃　〃	AS11	+	22.6〜22.8	+	3.6	*sake*
		〃　〃	AS12	+	22.4〜22.6	+	3.8	*sake*
		〃　〃	AS13	+	21.8〜23.0	+	3.4	*sake*
		ホテル庭（土）	AS14	−	17.0〜17.8	−	4.1	
		〃 裏山（土）	AS15	−	16.5〜17.0	−	3.9	
		〃 つつじ庭（土）	AS16	−	11.6〜12.7	−	4.4	
	IFO 0304			+	22.7	+	3.7	
	ATCC 32698			+	22.2	+	3.2	
H 9.10.9 (鹿児島)	栗野山林	小川，緑苔	KR 2	−	17.1〜16.6	−	N	
		湿地，腐葉土	KR 3	−	17.0〜16.6	−	N	
		石垣，苔土	KR 5	−	16.8〜16.8	−	N	
		小川，苔（多湿）	KR 6	−	17.4〜17.7	−	N	
		林，湿地（粘土質）	KR 7	+	20.4〜20.9	−	N	*sake*
	IFO 0304			+	22.6	+	N	

N：Not determined.

するものと思われる。富士山噴火口の砂からは*shōchū* typeの酵母が分離された。窒素源にアミノ酸のメチオニン，システィンを必須に要求し，清酒「もろみ」の発酵で常に硫化水素を発生する特異な酵母であった。

表2　酒蔵外から清酒酵母の分離（2）

採取			分離酵母記号	イーストサイジン耐性	清酒「もろみ」			酵母タイプ
年・月・日	場所				アルコール生産（％）	高泡形成	酸度（ml）	
H 9.11.5（山梨）	尾白川渓谷	千ヶ淵，白州	YA	+	23.0	+	3.4	*sake*
		〃 川岸	YB	+	22.9	+	3.5	*sake*
		つり橋下，白州	YC	+	23.4	+	3.5	*sake*
		花こう岩，苔	YD	−	17.6	−	3.3	
		清水（砂）	YE	+	18.2	−	4.2	
		尾白川中，落葉	YF	+	23.0	+	3.5	*sake*
	酒蔵庭	榎，葉	YG	−	17.4	−	3.9	
		苔	YH	+	23.1	+	3.6	*sake*
		赤松，樹皮	YJ	+	23.5	+	3.3	*sake*
		桧，樹皮	YK	+	23.1	+	3.6	*sake*
	Kyokai No.7			+	21.2	+	3.5	
H11.8.17（熊本）	天草五橋	1号，天門橋（土）	HA 1	+	22.0〜22.0	+	3.5〜3.9	*sake*
		2号，大弓野橋下（土）	HA 2	−	18.0〜19.1	−	3.6〜4.0	
		3号，中の橋下（土）	HA 3	−	18.3〜18.6	−	4.2〜4.4	
		4号，前畠橋下（土）	HA 4	+	15.2〜18.8	−	3.7〜4.2	
		5号，松島橋（土）	HA 5	+	20.8〜21.9	+	3.0〜3.2	*sake*
	IFO0304			+	22.5	+	3.3	
H 9.10.9（京都）	酒蔵庭（伊根町）	樹令三百年松木（葉）	M 1	+	19.7〜20.2	−	3.2〜3.4	*shōchū*
		〃（樹皮，苔）	M 2	+	19.9〜20.0	−	3.3〜3.6	*shōchū*
		〃　樹木下（土）	M 3	+	20.0〜20.2	−	3.2〜3.3	*shōchū*
		〃（枯葉）	M 4	+	19.8〜20.0	−	3.2〜3.6	*shōchū*
	'63・A			+	19.4〜20.2	−	3.5	
	IFO 0304			+	22.1	+	3.2	

'63・A（泡なし酵母）：秋山裕一，岩田知栄子，長縄真琴：発工，**43**，629-634（1965）

　酒蔵から遠くはなれた阿蘇山周辺，尾白川渓谷，天草五橋，肥田川，最上川上流などからアルコール21〜23％を生産する*sake* typeの酵母が分離された。一方，栗野山林から分離した*sake* typeのKR 7 酵母はアルコール20.4〜20.9％の低い生産量であったが，酒蔵でタンク仕込を行っているが酒質に異状はない。

表3　酒蔵外から清酒酵母の分離（3）

採取		分離酵母記号	イーストサイジン耐性	清酒「もろみ」			酵母タイプ
年・月・日	場所			アルコール生産（%）	高泡形成	酸度（ml）	
H11.4.6（岐阜）	肥田川大岩（土）	UR 1	−	20.0	−	2.3	*shōchū*
	〃	UR 2	−	21.0	−	2.6	*shōchū*
	〃	UR 3	−	21.2	−	2.9	*shōchū*
	〃	UR 4	−	19.4	−	2.6	*shōchū*
	〃	UR 5	+	23.4	+	3.1	*sake*
	〃	UR 6	+	22.8	+	3.2	*sake*
	〃	UR 7	+	22.4	+	3.1	*sake*
	〃	UR 8	−	20.4	−	2.9	*shōchū*
		IFO 0304	+	22.6	+	3.7	
H10.5.4（山形）	亀岡文殊堂（土）	KM 3	+	21.3	+	3.0	*sake*
	蔵王，お釜（土）	Z02	+	11.8	−	6.2	
	〃	Z04	+	21.2	+	3.1	*sake*
	最上川源流（土）	M 2	−	17.8	−	4.0	
	吾妻山最上川上流（土）	A 1	+	21.1	+	3.2	*sake*
	〃	A 2	−	17.8	−	4.8	
		IFO 0304	+	22.1	+	3.6	
H 9 .	花　梅（千葉）	UP	+	21.8〜21.8	+	N	*sake*
	梅（千葉）	UT	+	12.2	−	N	
	梅（千葉）	UW	+	22.4〜23.0	+	N	*sake*
	椿	TP	+	20.5〜20.6	−	N	*shōchū*
	ローズ	R	+	20.6〜20.7	−	N	*shōchū*
	紫陽花	JB	+	21.8〜22.0	+	N	*sake*
	桜（東農大）	S 2 G	−	13.6〜13.6	−	N	
	花水木（神代）	MW 1	+	22.0〜22.5	−	N	*shōchū*
		IFO 0304	+	23.1	+	N	

N：Not determined.

　樹齢300年の松の木，その根元の土及び落葉から分離した4株はアルコール生産19.7〜20.2%と低く，泡なし酵母で4株とも*shōchū* typeの酵母であった。本菌株群で樹木の生態系が形成されているようである。分離菌株のM 4 酵母

でタンク仕込を行っているが異状はみられない。

　肥田川（土）から分離したUR5，UR6，UR7はアルコール生産が多く sake typeの酵母であった。分離源の各資料が近くの周辺であるが，他の資料からは泡なしのshōchū typeの酵母が分離された。

　蔵王，最上川上流からもsake typeの酵母が分離されたが，蔵王・お釜から分離したZ02菌株はアルコール生産11.8%と低い価であったが，イーストサイジンに耐性があった。恐らく特殊な菌種と思われる。

　花からもアルコール生産22～23%のsake typeの酵母が分離された。桜の花からは3年続けて分離を試みたが，sake typeは分離できなかった。開花期間が短かいためと推察している。

　集積用培地が清酒「もろみ」の環境に近い米，米麹，乳酸水の糖化「もろみ」であるが，必らずしもsake typeの酵母が分離されるとは限らなかった。資料を直接殺菌水に懸濁して平面培地に塗抹してもSaccharomyces属のコロニーは全く出現しなかったことから，sake typeの酵母は非常に少なく存在すると思われる。一方，sake typeの酵母が集積培養で分離される資料もあったが，少なく存在したとしても清酒「もろみ」の環境では優位に生態系を形成するものと思われる。

　酒蔵では多くの蒸米を用いた開放製麹及び開放「もろみ」であることを考えること，少量しか存在しないとしても空気中に浮遊する清酒酵母が落下し，他の酵母と競合したとしても清酒「もろみ」の環境に適応した清酒酵母群の生態系が形成されると言える。培養酵母を加えなかった時代でも清酒酵母による発酵が容易であったことがうなずける。そして酒蔵外にも清酒酵母は存在し，酒蔵で野性酵母が順応して清酒酵母に育成したと言うことも否定できる。

文　　献

1）竹田正久，中里厚実，塚原寅次：発工，**16**（1），11-14（1983）

ND# 第 2 章

口かみ「もろみ」の研究

I. 口かみ「もろみ」の発酵と微生物

1. 一般分析値及び酵母と乳酸菌の消長

　日本における古代口かみ酒は，8世紀の記録が最初でその後は，ほとんど行われなかったと思われている。しかし沖縄や北海道のアイヌの人々の間では半世紀ほど前まで神事のときに造られた[1]。

　このように日本国内では，ほとんど行われていなかったこともあってか，口かみ酒の成分や微生物についての研究はなされていなかった。科学のメスが加えられたのは近年で，山下他[2]の報告のみである。口かみ酒は，穀類を口かみして容器に吐きだして「もろみ」をつくるが，筆者らは唾液を含むということに注目している。微生物の成育の場として自然界には存在しない環境特性であり，微生物の生態系にどのように影響しているかを検討するのが目的である。

　江戸時代以前の口かみ酒は生米を使用する例が多かったが，江戸時代以後は蒸米を使用するようになったといわれている[2]。本実験で蒸米を用いたのは，生米の口かみは非常に口がつかれ，なかには歯茎から出血する人もいたこと，また生米より蒸米の方が唾液のアミラーゼで分解されやすい[2]ことによる。そして生米仕込と同様に唾液を含むという環境特性には変りないと考えたからである。

実験方法

　1）蒸米：精米歩合90％の白米を常法通り洗米，浸漬，水切して50〜60分間蒸した。蒸し後の吸水率は34〜36％であった｛（蒸米重量－白米重量）／白米重量｝×100。

　2）口かみ「もろみ」の製法：当研究室の学生（年令21〜23才）が水道水で口ゆすぎを1回行ない，10分後に1回10〜15gの蒸米を1分前後口かみし，

容器に吐き出して，口かみ「もろみ」をつくりラップで蓋をしてゴム輪でとめた。容器は室内に放置（25℃以下の時は，25～26℃の恒温器にうつす）し，1日1回棒で攪拌した。口かみ後の唾液吸水率（％）は，{（口かみ後の重量－蒸米重量／蒸米重量}×100で表した。

3）分析：一般分析は常法[3]で，糖類組成は濾液を薄層板（メルク社，Kieselel 60 F$_{254}$）にスポットし，酢酸エチル：酢酸：水（2：1：1，v/v）で三重展開[4]（室内）した後，5％（w/v）硫酸，メタノール溶液を噴霧し100℃で，30分間加熱処理してスポットを検出した。

4）唾液中の微生物：昼食前に水道水で口ゆすぎを1回行ない，10分後に唾液約10mlを吐き出して唾液の試料とした。好気性菌は，YM寒天平面培地に唾液0.1mlを塗抹し30℃ 3～5日間培養した。出現したコロニーの形，色から分類してカウントした後に，各コロニーを検鏡して酵母と細菌を区別した。また乳酸菌検出用の中川寒天培地9ml/tubeを溶解し唾液1mlを加え28～30℃，3～5日間嫌気培養して出現するコロニーを乳酸菌としてカウントした。

5）口かみ「もろみ」の微生物：「もろみ」を十分に攪拌した後に，「もろみ」10gを殺菌水40mlで希釈（5倍希釈）し菌数が多い時は順次希釈して用いた。酵母は希釈液0.05mlをYM寒天平面培地に塗抹し，28～30℃で3日間培養した。明らかに細菌と思われるものは除外し，酵母様のコロニーをカウントした。コロニーを液体培地（グルコース5％，YM）にとり初期にガスの発生が旺盛で，表面に皮膜，リングを形成せず，ガス発生終了後に細胞が沈でんし液内が透明となった菌株を*Saccharonyces*属と推定した。またガス発生が弱く皮膜，リングを形成し液内が白濁したのを産膜系酵母（film forming yeast）とみなした。

乳酸菌は，前記の方法と同じである。尚，「もろみ」20g（唾液吸水46％）に水80mlを加えたところ99.5mlとなった。「もろみ」1gは1ml（19.5/20＝0.98）と見なしてよいことから菌数は，ml中の菌数で表示した。

6）*Sacch*. sp.の分類試験：液体培地の繁殖状態から*Sacch*. sp.と推定した

Table 1. Microorganisms in various samples of human saliva.
Saliva after 10 minutes of rinsing mouth with water.

	Saliva (donor)	pH	L. acid[1] bacteria number (/ml)	Colonies (aerobic) on plate culture (YMagar) number of colonies (/ml)	Properties of colonies[2]
(F)	Y	6.89	0	260	diameter 1 ~ 2 mm, white
	M	7.02	8	950	diameter 1 ~ 2 mm, yellow
	MY	7.02	42	9,600	diameter 0.5mm, brown
	I[3]	7.12	36	(A) 140 (B) 380 (C) 450	flat, light brown diameter 5 ~10mm, light brown diameter 0.5mm, light brown
	S	6.97	59	60	diameter 1 ~ 2 mm, white
(M)	ST	7.48	101	(A) 100 (B) 6,010	diameter 2 ~ 3 mm, brown diameter 0.5mm, light brown
	K	7.12	0	2,600	diameter 2 ~ 3 mm, creamy
	A	7.52	large[4] number	(A) 3,150 (B) 1,100	diameter 2 ~ 3 mm, creamy 1 ~ 2 mm, yellow
	H	6.79	0	180	diameter 0.5~ 1 mm, brown
	AR	6.97	large[4] number	380	big, wrinked plate, light brown
	MI	7.03	4	140	diameter 1 ~ 2 mm, white
	T	7.25	0	(A) 350 (B) 6,130	diameter 1 ~ 2 mm, yellow diameter 1 ~ 2 mm, white

(F) : female, (M) : male.
1) Latic acid bacteria.
2) Yeast cell not observed by microscopy.
3) Saliva 4 hours after eating natto (fermented soybeans with Bacillus).
4) 10^{3-4}/ml.

Table 2. General composition of unfermented *kuchikami* rice *moromi*.
Moromi mixed from seven donor. *Moromi* contains 41.8% saliva after chewing.
Temperature of *moromi* : 25–26℃.

Days after chewing	Be	Acidity (ml)	Amino acidity (ml)	D.reduci-[2] ng sugar (%)	Total sugar (%)	pH
Before chewing (Steamed-rice)[1]	0.0	0.0	0.0	0.0	0.0	6.78
After chewing (*moromi*)	15.2	0.05	0.4	10.2	27.0	6.31
1 (Addition of toluol)						
2	18.3	1.5	0.4	14.9	33.8	4.22
4	18.5	1.6	0.4	15.6	33.0	4.18
6	18.6	1.6	0.4	15.5	34.5	4.20

1) Polishing ratio of rice used : 90% . Same volume of water was added to steamed rice and the filtrate was analyzed after being crushed.
2) Direct reducing sugar.

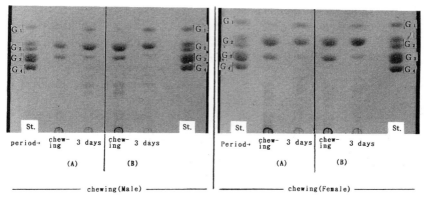

Fig. 1. Qualitative thin layer chromatographic analysis of saccharides in *moromi* after chewing.
St. (Standard) ; G_1, glucose.
G_2, maltose (upper part) and isomaltose (lower part).
G_3, maltotriose (upper part) and panose (lower part).
G_4, maltotetoraose.

菌株群について，発酵終了時に分離した酵母を代表菌株として分類試験を行った。まず細胞が円形～卵形，内生胞子を形成及び硝酸塩非資化性であったことから*Sacch.* sp.であることを確認し，以下の試験項目について試験を行ない比較を行った。

糖類の発酵性はダラハム管法，資化性はWickerham培地で行った。その他のイーストサイジン耐性[5]，細胞表層荷電[6]，Vt・欠（vitamin-free）培地での増殖[5]等の試験，また清酒「もろみ」でのアルコール生産試験[7]（総米160g，麹歩合23%，汲水192ml/500ml三角フラスコ，三段仕込）を行った。

実験結果及び考察

1）唾液中の菌群と菌数

Table 1.に示したように男女間に差はみられなかった。乳酸菌は12人中4人に認められなかったが，検出されるのは 8 ～101/唾液mlの菌数，多数（$10^{3～4}$/ml）で正確にカウント出来ないのもあった。山下他[2]の報告によれば，

唾液中の乳酸菌は平均10^7/mlの菌数である。検出に用いた培地の違いで差が生じたのか検討の必要がある。

　平面培地に出現した好気性菌（細菌，酵母を含む）のコロニーは一般に乳酸菌より多いが，多数の乳酸菌が検出された提供者（donor）ARの唾液の平面培地上のコロニーは380/mlであった。平均して好気性菌のコロニー数は$10^{2～3}$/mlであったが，コロニーの形状から2～3種類に区別されるのもあった。朝食に納豆を食べた提供者（1）の唾液はコロニーの大きさで3種類に分けたが，コロニー表面の状ぼうと色が同じであったことから同種の納豆菌と思われた。

　今回は，平面培地上に出現する好気性菌のコロニーには検鏡の結果，酵母様の細胞は認められなかった。その後の検査で2人（女性，男性）から産膜系の酵母を検出したが，唾液中の好気性菌は酵母より細菌が多く存在すると思われる。山下他[2]は，酵母検出用の培地で測定し酵母は非常に少なく1～数百/mlであると報告している。本実験では好気性菌が多いのは6,130～9,600/mlの菌数であった。

2）口かみ後の一般成分と糖類組成

　7人分を混合した口かみ「もろみ」について成分変化をみた結果をTable 2.に示した。蒸米成分（蒸米に対し水100％を加え，つぶした後に濾過）の各成分値は零であって，pHは6.78であった。

　口かみ後は直糖10.2％，全糖27.0％，酸度とアミノ酸度は若干生成された。これを1日，室内（6日）に放置してトルオールを加えて菌類の増殖を抑えた。そして口かみ2日後（トルオール添加して1日）は直糖14.9％，全糖33.8％，酸度1.5ml，アミノ酸度0.4ml，pH4.22であった。口かみ直後よりも増加していたが，アミノ酸度には変化がなかった。4日と6日後の成分は2日後と変りないことから，口かみ1日～2日後に概ね成分はピークになると思われる。

　口かみ後の糖類組成は男性2人，女性2人の口かみ濾液について薄層クロマトグラフィで定性した結果をFig. 1.に示した。4人とも口かみ直後はG_2（2糖類）とG_3（3糖類）が検出されG_1（グルコース）は定性されなかった。3

Table 3. General composition and microorganisms number of *Kuchikami* rice *moromi* of experiment No.1. after fermentation for 15 days.
Each subject chewed 200g of steamed-rice and fermentation was carried out in a 1 l vessel.

Donor	D.reducing[1] sugar(%) after chewing	Appearance of *moromi* surface	After 15 days *Kuchikami moromi*						
			General composition					Microorganisms	
			Acidity (ml)	Amino acid-ity (ml)	D. reducing sugar(%)	pH	Alcohol (%)		Number (/ml)
A	5.8	few gas	26.5	0.7	9.9	2.78	0.2	*Sacch.* sp.	9.0×10^5
								Film yeast.[2]	$10^3 >$
								L. acid bact.[3]	3.4×10^7
(F)I	8.0	a few gas, thick film	15.5	1.9	9.7	2.30	2.8	*Sacch.* sp.	4.0×10^5
								Film yeast.	1.3×10^6
								L. acid bact.	3.1×10^7
IW	8.1	few gas	32.5	0.7	11.7	2.51	0.2	*Sacch.* sp.	6.0×10^6
								Film yeast.	$10^3 >$
								L. acid bact.	3.2×10^6
O	7.4	a few gas	10.5	3.0	6.8	2.97	1.0	*Sacch.* sp.	2.0×10^7
								Film yeast.	1.0×10^7
								L. acid bact.	3.1×10^6
(M)U	7.8	a few gas	17.5	2.2	6.6	2.80	4.3	*Sacch.* sp.	1.1×10^7
								Film yeast.	$10^3 >$
								L. acid bact.	3.1×10^6
H	9.6	a few gas, thick film	13.5	1.3	11.7	3.14	1.8	*Sacch.* sp.	7.6×10^6
								Film yeast.	1.0×10^6
								L. acid bact.	6.6×10^7

(F):female, (M):male.
1) Direct reducing sugar.　2) Film forming yeast.　3) Lactic acid bacteria.

日後になると男性A,女性BにはG₃が定性されず,G₂と僅かにグルコースが定性された。

　男性B,女性AはG₂が顕著に見られ,ほかにG₃とグルコースが僅かに検出されたのが前者と異なっていた。個人差で異なるが,3日間でG₃→G₂→グルコース(少量)の反応がすすめられたことを意味していると思われる。男女間に区別は見られなかった。

　St.(standard)のG₂スポットのなかでマルトースは上部に,イソマルトースは下部に,またG₃のスポットでは上部にマルトトリオース,下部にパノースが検出された。Fig.1.のスポットはいずれも上部に位置する傾向が見られたことから試料G₂,G₃のスポットはマルトース,マルトトリオースが主たる

Table 4. General composition of *Kuchikami* rice *moromi* when fermentation of experiment No.2. was completed.

Each subject chewed 300g of steamed-rice and fermentation was carried out in a 1 l vessel (*moromi* were transferred to 0.3 l vessel after 14 days).

	Kuchikami rice *moromi*			General composition						
Donor no.	Saliva content(%)	Days after chewing	Appearance of surface	Be	Acidity (ml)	Amino acidity(ml)	D.reducig[1] sugar(%)	Total sugar(%)	pH	Alcohol (%)
1	90	2		16.4	1.5	0.4	12.0	25.3	4.21	
		25	a few gas	9.5	11.2	1.0	5.7	14.3	3.45	5.8
2	121	2		13.4	1.7	0.6	12.0	24.5	4.24	
		25	few gas, film forming	9.8	17.2	1.6	5.5	13.5	3.48	2.3
(F)										
3	23	2		17.7	1.2	0.4	12.6	32.0	4.27	
		36	few gas	10.6	17.0	2.0	4.8	15.0	3.52	4.0
4	121	2		14.6	1.2	0.6	11.2	26.5	4.26	
		31	few gas	8.3	21.0	0.6	4.0	17.0	3.28	5.6
5	88	2		14.3	1.6	0.8	12.7	26.8	4.16	
		36	few gas, little clear	6.4	14.5	0.7	2.5	13.0	3.48	5.0
(M)										
6	103	2		14.6	1.6	0.6	12.8	23.5	4.19	
		36	few gas, little clear	7.5	10.5	1.2	3.6	15.5	3.65	5.6

(F):Femal, (M):Male.
1) Direct reducing sugar.

糖と判断した。以後，G_1，G_2，G_3のスポットをそれぞれグルコース，マルトース，マルトトリオースと呼ぶことにした。

3）口かみ「もろみ」の発酵

実験1：蒸米200gを各自が口かみ後，1lの容器に入れて1週間，28～30℃に保ち，以後は室内（2～3日）に放置し，1日1回攪拌して，15日後の各成分及び酵母と乳酸菌の菌数を測定した。結果はTable 3.に示した。

15日間経過して僅かではあるが，ガスを発生していたものが4つあったが，全く発生していなかった「もろみ」はアルコール生産が0.2％で，他は1.0～4.3％であった。酸度は一般に13.5～17.5mlであった。繁殖した乳酸菌が生産した乳酸が主たる酸と仮定して乳酸濃度を計算すると1.2～1.5％となる。ホモ発酵型の乳酸菌だとすれば1.2～1.5％の糖，ヘテロ発酵型の乳酸菌は2.4～3.0％の糖を消費したことになる。また酵母によるアルコール1.0～4.3％の生

産は，糖消費1.7〜6.7％となる。直糖は口かみ後5.8〜9.6％，15日間発酵後が6.6〜11.7％であった。前記のTable 2.で示したように，口かみ後から2日経過で5％前後増加することを考慮しなくてはならないが，アルコールの生産が0.2〜4.3％であったことから糖の消費が少なかった事が理解できる。アミノ酸度は0.7〜3.0ml，酸度は10.5〜32.5mlの範囲で2〜3倍量の違いがあった。アルコールがほとんど生産されなかった「もろみ」は，酸度が26.5と32.5mlであった。

　酵母のSacch. sp.は全「もろみ」から分離されて菌数は$10^{5〜7}$/mlであった（酵母の性質はTable 6.に示した）。産膜系酵母は検出されないものもあったが，多くは$10^{6〜7}$/mlの菌数であった。乳酸菌は全ての「もろみ」から検出されて$10^{6〜7}$/mlの菌数であったが，酸量との関係は見られなかった。

　以上，一般分析値と微生物の検討を行ったが女性3人，男性3人の「もろみ」には男女間に区別はできなかったが各「もろみ」間に，分析値に違いが見られた。微生物はSacch. sp.と乳酸菌は普遍的に分離されたが，菌数に若干の違いがあった。産膜系酵母の分離は「もろみ」で異なっていた。

　実験2：蒸米300g（吸水歩合35％）を女性4人，男性2人が口かみ後，1 lの容器に入れた各自の口かみ「もろみ」を室内（5〜6月）に放置した。前記実験1.では「もろみ」期間15日に限定したが，本実験では口かみ後発酵終了まで特に微生物の遷移について試験を行った。その他，蒸米量や実験時期が前記の試験と異なる。

　結果をTable 4.に示したが，口かみ後の唾液吸水歩合は23〜121％で個人差が見られる。唾液吸水歩合から洗米前の白米に対する汲水歩合を清酒醸造法に従って計算｛(唾液量／白米)×100｝すると唾液吸水歩合23％，90％，103％，121％はそれぞれ31％，122％，140％，163％となる。31％を除いて，これは麹を用いる酒づくりの酛，「もろみ」の汲水歩合に相当する。酛の仕込当初は櫂入れもできないほどにかたいが，口かみ「もろみ」は初めから柔らかなのが異なる。山下他[2]は，200〜300％の唾液量の増加を報告している。本実験では少ない傾向を示したが，蒸米1回の口かみ時間（1分前後）が短

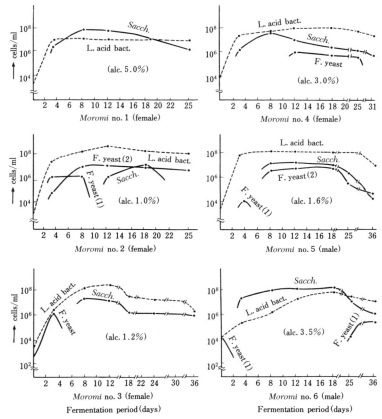

Fig. 2. Change in cell count of the various microorganims during fermentation of *Kuchikami* rice *moromi* of experiment No. 2.
( ): Alcohol (%) after 14 days chewing.
F. yeast: Film forming yeast. L. acid bact: Lactic acid bacteria.

かく,しかも300gを一人でかんだので,口かみの総時間が長くなり唾液排出量が少なかったと推察される。

唾液吸水歩合23%は異状に低い。口かみ後の重量から歩合を計算しているが長い口かみで,飲みこむ人がいて彼女の場合は飲みこみ量が多過ぎて誤差が大きかったことも考えられる。

しかし,口かみ2日後の分析でボーメ,全糖が高いことから他の人より唾

液吸水歩合が低かったことも考えられる。

口かみ後で直糖5.8〜9.6％（Table 3.）が生成されることから、アミラーゼが口腔内ですでに作用し、特にα-アミラーゼが働き柔らかくなる。唾液吸水歩合23％の「もろみ」は2日後の直糖、全糖値からも分かるように「もろみ」の柔らかさは、他の「もろみ」と大差はなかった。

口かみ2日後はボーメ13.4〜17.7、酸度1.2〜1.7ml、アミノ酸度0.4〜0.8ml、直糖11.2〜12.8％、全糖23.5〜32.0％、pH4.16〜4.27であった。個人差で異なるが、唾液吸水が少なかった「もろみ」3号はボーメ、全糖が高かった。

山下他[2]の報告より相対的に見て唾液量が少ないが、その後も唾液中の酵素活性が働いていることが推察されることから、1分間の口かみで米粒は十分につぶされるので、2〜3分間の口かみは必要ないと考えた。しかし唾液量が少ないので微生物の生態系に影響することも考えられる。

酒造における酛の湧付き数日前の成分と口かみ「もろみ」を比較した場合、口かみ「もろみ」がアミノ酸度は低いが酸度、直糖は若干低くボーメ、全糖、pHは概ね同じであった。酒造りの速醸酛から見れば、口かみ「もろみ」では酵母は十分に増殖、発酵できる成分組成である。

ガス発生が認められなくなった時点（「もろみ」量が少ないのは、ガス圧が弱いので判定しにくい）の発酵終了は25〜36日後であったが、ボーメ6.4〜10.4、酸度10.5〜21.0ml、アミノ酸度0.6〜1.6ml、直糖2.5〜5.7％、全糖13.0〜17.0％、pH3.28〜3.65、アルコール2.3〜5.8％であった。

直糖と全糖との関係は2日後、直糖の1.8〜2.5倍量が全糖であったのに対し、発酵終了後は2.5〜5.2倍量が全糖であった。「もろみ」期間中に僅かに糖化が進んでいることが考えられるので、薄層クロマトグラフィでは検出されなかったG_3以上のデキストリンの比が、発酵終了後では多くなっていると考えられる。発酵終了後における全糖の消費は8.0〜17.0％であったが、アルコール生産量との関連は見られなかった。「もろみ」期間中に僅かに糖化が進んでいること、またアルコール発酵だけでなく乳酸発酵など複雑な系によって異なると思われる。

Table 5. Properties of film forming yeasts isolated from *Kuchikami* rice *moromi* of experiment No.2.

Moromi no.	Isolation strains		Forming of ascospore	Assimilation of nitrate	Fermentation				Identification (Genus)
	Moromi days	Number			G.	Ga.	Su.	Ma.	
1									
2	3〜8	2	+	−	+	+	−	+	*Pichia* (1)
	3〜25	5	+	−	+	−	−	−	*Pichia* (2)
3	chewing〜3	2	+	−	+	+	−	+	*Pichia*
4	12〜25	3	+	−	+	−	−	−	*Pichia*
5	3	1	+	−	+	+	−	+	*Pichia* (1)
	8〜36	6	+	−	+	−	−	−	*Pichia* (2)
6	chewing	1	+	+	+	+	+	+	*Hansenula* (1)
	25〜36	3	+	+	+	+	+	+	*Hansenula* (1)

G.: glucose, Ga.: galactose, Su.: sucrose, Ma.: maltose.
1) film forming yeasts was not isolated.

　実験1.で見られた酸度の高い値（26.5〜32.5ml）を示すのはなかった。そして直糖も低い傾向を示した。発酵期間が長いためと考えられるが，マルトース発酵能を有する*Sacch.* sp.が生育しているにもかかわらず，アルコール濃度はそれほど高くなかった。

　口かみ「もろみ」の酵母と乳酸菌の消長をFig. 2.に示した。*Sacch.* sp.は口かみ仕込当初には検出されなかった。3日後に1号，4号，6号の「もろみ」に検出され菌数は$10^{6〜7}$/mlであった。その後，6号は$1.0〜1.2×10^8$/mlの最高菌数であったが，1号と4号は$9.0〜4.7×10^7$/mであった。他の「もろみ」3号，5号は8日後に出現し最高菌数は$3.5〜2.1×10^7$/mlであった。2号「もろみ」は12日後に出現（$2.8×10^6$/ml）し，18日後に最高菌数$2.3×10^7$/mlに達して以後，消失してアルコール生産も低く2.3%であった。他の「もろみ」は4.0〜5.8%であったが，山下他[2]の報告（1〜5%）と一致した。*Sacch.* sp.が全「もろみ」に出現したとしても速くて3日後であり，遅いのは12日後であった。そして最高菌数が10^8/mlに達するのが困難で，減少の開始が早い傾向にあった。このように*Sacch.* sp.の発育開始が遅く，最高菌数が低いこともアルコール生成に関係があると思われる。

　出現した産膜系酵母の性質をTable 5.に示す。「もろみ」経過を追って分離し，グループ別に区別した菌株について試験した。試験項目が少ないが*Pichia*

Table 6. Some properties of *Saccharomyces* sp. isolated from *Kuchikami* rice *moromi* of experiments No. 1. and No. 2.

Experiments (No.)	Moromi	Isolation strains Moromi days	Isolation strains no.	Fermentation Ma.	Fermentation Mat.	Fermentation iMa.	Assimilation Mz.	Y.re-[1] sistance	Cell surface charge	Growth vt.[2] -f	Growth K.[3] -d.	Alc.produc.[4] (%) in *sake*-mash
1	A	15	3.1	W	−	−	−	+	+	+	+	19.9〜21.0
1	I	15	4.1	+	−	+	−	+	+	+	+	20.3〜21.8
1	IW	15	5.1	+	−	−	−	+	+	+	+	20.3〜21.9
1	O	15	1.A	+	−	−	−	+	+	+	+	19.2〜20.7
1	U	15	2.1	+	−	+	−	+	+	+	W	20.6〜21.3
1	H	15	6.E	+	−	−	−	+	+	+	W	21.2〜22.2
2	1	25	1.25	+	−	+	−	+	+	+	W	20.6〜21.6
2	2	25	2.25	+	−	−	−	+	+	+	−	20.7〜22.5
2	3	36	3.36	+	W	W	−	+	+	+	+	19.8〜21.1
2	4	31	4.31	+	−	+	−	+	+	+	+	20.9〜21.8
2	5	36	5.36	+	−	−	−	+	+	+	−	19.9〜20.4
2	6	36	6.36	+	−	+	−	+	+	+	+	20.8〜22.1

All atrains formed ascospore.
Ma.: maltose, Mat.: maltotriose, iMa.: isomaltose, Mz.: melezitose.
1) Yeastcidin resistance. 2) Vitamin-free medium. 3) Potassium-deficient medium.
4) Alcohol production (%) in *sake* mash (component from steamed-rice, *koji* and water).

とHansenula属に同定した。全菌株が内生胞子を形成し，無胞子酵母のCandida属は確認されなかった。P.属が多いが発酵性糖の性質から2タイプに分けられた。初期に出現する酵母はグルコース，ガラクトース，マルトースを発酵する一方，後期まで生存する菌株はグルコースのみを発酵する菌株であった。2号と5号の「もろみ」は初期と後期に分かれて異なったP.属が出現した。3号「もろみ」は初期，4号「もろみ」は後気だけにP.属が出現した。

H.属が出現したのは6号「もろみ」だけで，仕込後には4.0×10^4/mlの菌数であったがすみやかに消滅し，後期になって同種と思われる酵母が再度出現してきた。尚，1号「もろみ」には産膜系酵母は出現しなかったが，その他の産膜系酵母はSacch. sp.より菌数は低かった。また仕込直後に産膜系酵母が検出されたのは2つの「もろみ」で，他の「もろみ」には検出されなかった。尚，検出されなかったのは「もろみ」を殺菌水で5倍に希釈し，その液0.05mlを平面培地に塗抹して培養したがコロニーが出現しなかった。1ヶ出現する

と「もろみ」1ml中に10^2存在することになったが，多くの「もろみ」がそれ以下であった。唾液中に酵母が少ないことが本実験結果からもうなずける。唾液中に存在が確認されている*Candida* sp.[9,10]が検出されなかったのは菌数が多く存在していないためと思われる。検出された「もろみ」3号は5倍希釈で48ヶ（$4.8×10^3$/ml），6号は50倍希釈で40ヶ（$4.0×10^4$/ml）のコロニーが出現したものである。

　乳酸菌は6人の口かみ「もろみ」に例外なく仕込当初から$10^{3～4}$/mlの菌数であった。唾液中の乳酸菌は，主に0～101/mlの菌数であったことから，少し矛盾が感じられる。蒸米300gを1時間前後をかけて口かみを行うので，唾液吸水歩合から唾液量を計算すると68ml（吸水23%）～265-364mlとなる。口かみ後期の唾液中の乳酸菌数に違いが生じるのか，また口かみ中や菌数測定までの放置時間（2～3時間）に増殖することなどが推察される。山下[2]は，口かみ仕込後6時間位でpH5以下になると報告している。

　その後の口かみ「もろみ」の乳酸菌の増殖は個人差で若干異なるが，3日後には$10^{6～7}$/mlの菌数に達し最高10^8/mlのレベルまで増殖するのもあった。後半に若干減少するのもあるが顕著でない。発酵終了後の酸度は10.5～21.0mlの範囲であったが乳酸菌の消長，増殖量とは関係なかった。またアルコール5.6%の2つの異なった「もろみ」の酸度がそれぞれ21.0，10.5ml。酸度17.0，17.2mlの「もろみ」がアルコール4.0，2.3%であったように両成分との関連性は見られなかった。実験1.でアルコール0.2%の生成で酸度（26.5～32.5ml）の高い「もろみ」はなかった。山下他[2]は低アルコール生成は酵母によるアルコールの資化を報告している。

　実験1，2の口かみ「もろみ」から分離した*Sacch.* sp.の性質：Table 6.に示した実験1.の菌株は「もろみ」期間15日後，実験2.の菌株は発酵終了後（試料で発酵期間が異なる）に分離した酵母である。実験1，2の計12の「もろみ」から分離した12株である。液体培地での培養状態から*Sacch.* sp.と推定した菌株であるが，いずれの菌株も胞子を形成し，発酵性糖の性質から*Sacch.* sp.に属するといえる。口かみ「もろみ」に蓄積するマルトースの発酵性は旺

盛であるが，マルトトリオースの発酵性はなかった。イソマルトースの発酵性は＋と－に分けられた。その他の性質のおいて清酒「もろみ」発酵試験でアルコール20％前後を生産し，そしてメレジトーズ資化性（－），イーストサイジン耐性（＋），細胞表層荷電（＋），Vt・欠培地増殖（＋）であったことから清酒酵母に近い菌株[5,7,8]と思われた。以上，口かみ「もろみ」に生存するSacch. sp.はグルコース，マルトースの発酵能を有する酵母とであったが，口かみ「もろみ」でアルコールの生産が1～5.8％であったのは一考を要する。

マルトース発酵性のSacch. spが生存したとしても10^8/mlに達するのが困難であることから酒造りの酛，「もろみ」とは異なり酵母の生息の場としては好ましくないと考えれば，アルコール生産量の少ないこともうなずける。Sacch. sp.は仕込直後には検出されず仕込3日，8日，12日後に生育してくること，唾液中の酵母のほか，攪拌時の攪拌棒や空気中からの飛来が考えられる。口かみ仕込み後から多くの乳酸菌が生息していて酸も多くなり，その後酵母が増殖しなくてはならないという特殊な環境であると思われる。口かみ「もろみ」の糖類がオリゴ糖を主体としたもので，グルコースは少量であることを認めたのは本報が初めである。マルトースやマルトトリオースの発酵性とpHとの関係などの検討も必要と思われる。

山下他[2]の報告によると回分発酵方式で，うまく進行して生成アルコールのピークは10日頃で1～3％であったが，「もろみ」の1／4は10日経過しても生成アルコール濃度は1％以下であった。これは本実験と概ね一致した。

山下[2]の連醸方式や本実験で行った発酵期間を延することなどで，アルコール生産5～6％の可能性はあるが，これらは密封でアルコールの飛散を防ぎ，「もろみ」量と容器の大きさを考慮し，そして容器内を清潔にして好気性菌の増殖を防ぎ，品温は25℃以上に保つなど発酵学の知識を導入しての試験結果である。

要約

蒸米を各自が200～300gを口かみして，口かみ「もろみ」を造り室内に放

置して一般分析と菌数を測定した。

　1）口かみ後は，オリゴ糖のマルトース，マルトトリオースが主でグルコースは少量であった。

　2）口かみ2日後で直糖11.2〜12.8%，全糖23.5〜32.0%，酸度1.2〜1.7ml，pH4.16〜4.27であった。ガス発生は25〜36日で完全に終了したが直糖2.5〜5.7%，全糖13.0〜17.0%，酸度10.5〜21.0ml，pH3.28〜3.65，アルコール2.3〜5.8%であった（実験2）。

　実験1で，アルコール0.2%の低濃度の生産を示した「もろみ」もあったが，ガス発生は15日間で終了し酸度は26.5ml，32.5mlと高い価を示した。

　3）全ての口かみ「もろみ」にグルコース，マルトースの発酵能を有するSacch. sp.及び乳酸菌が普遍的に存在した。（醸協，**94**（11），933-942（1999），記載）

文　献

1）日本農芸化学会編：お酒のはなし，学会出版センター（1994）
2）山下勝，西光伸二，稲山栄三，吉田集而：醸協，**88**（10），818-824（1993）
3）注解編集委員会編：国税庁所定分析法注解，日本醸造協会（1987）
4）友田正司：糖質実験法（蛋白質・核酸・酵素編集部編），共立出版（1968）
5）竹田正久，塚原寅次：発工，**53**（3），103-111（1975）
6）百瀬洋夫，三宅正太郎，外池良三：醸協，**64**（8），749-750（1969）
7）竹田正久，中里厚実，塚原寅次：発工，**60**（3），137-144（1982）
8）中里厚実，大西淳一，竹田正久，塚原寅次：発工，**62**（5），313-315（1934）
9）小林やす子：愛院大歯誌，**11**（2），142-151（1973）
10）広瀬徹：歯学，**64**（4），742-771（1976）

2. 口かみ「もろみ」に添加した清酒酵母の消長

　口かみ「もろみ」の初期は全糖23〜32%で糖組成はマルトース，マルトトリオースを主体としている。口かみ発酵「もろみ」からはマルトース発酵能を有するSaccharomyces sp.が普遍的に検出された。「もろみ」の発酵期間は25〜36日間を要するがアルコール生産量は少なく2.3〜5.8%であった。またSacch. sp.は仕込直後には検出されず仕込3〜12日後に生育開始が見られ，菌

数は10^8/mlに達するのが困難，そしてアルコール濃度が低いにもかかわらず菌数の減少が起ることなど，口かみ「もろみ」での特異的な現象が見られた。

これは口かみ「もろみ」に出現する*Sacch.* sp.の特性によるのか，また口かみ「もろみ」の環境特性で*Sacch.* sp.の生育，発酵に抑制が働いていることなどが推察される。

本報では発酵力が旺盛でマルトース，マルトトリオースの発酵能を有する清酒酵母を口かみ直後の「もろみ」に添加し酵母の発育，発酵状態を発酵終了まで解析し口かみ「もろみ」の発酵特異性を考察した。山下[1]らは口かみ「もろみ」のアルコール生産に差があり，これを明確にするために発酵性酵母添加試験を提案している。

実験方法

1）添加に用いた清酒酵母：マーカーとしていずれもガラクトース発酵能を消失した協会6号（K6(62)）と9号（K9(46)）酵母の変異株である。K6(62)酵母は昭和62年，K9(46)酵母は昭和46年，当時日本醸造協会から配布された酵母から分離した。分離当時はガラクトース発酵能を有していたが保存中にガラクトース発酵（－）に変異した菌株である。後で述べるが，清酒「もろみ」を用いた発酵試験ではアルコール20%前後を生産するので，発酵力には変異がない酵母である。これらの酵母をYM液体培地に3～4日間前培養して，「もろみ」1l当り5mlの培養液（沈でん細胞）を添加した。添加酵母の追跡は平面培地上に出現したコロニー20～30ヶをとり，ダラハム管でのガラクトースの発酵能の有無で行った。尚，産膜系酵母（film forming yeast）は前報と同じ方法で確認した。

2）口かみ「もろみ」の製造は，数人の学生が口かみした「もろみ」を混合した。「もろみ」の管理は，前報と同様にラップで蓋をして，仕込みから1週間は28～30℃に保ち，以後は25～26℃の室内に放置した。

酵母数，乳酸菌数の測定，分離酵母の生理試験，糖類の薄層クロマトグラフィなどは前報と同じである。

Table 7. Changes of general composition of *Kuchikami* rice *moromi* added *sake* yeast K 6 (62) of experiment No.1.

Moromi of 3.9kg (contain 42.5% saliva) mixed for nine donor were put in vessel of 5 liter volum (*moromi* were removed in vessel of 3l after 9 days)

Moromi days	Appearance of *moromi* surface	General composition					
		Be	Acidity (ml)	Amino acidity (ml)	D.R.S.[1] (%)	pH	Alcohol (%)
After chewing	(yeast addition)				9.1	7.07	
1	fer[2]. begin				12.2	4.05	
3	a few gas	16.0	3.0	0.05	12.2	3.70	
6	〃	16.0	7.6	0.4	11.6		
9	film forming, genelation of sticy foams	15.8	10.4	0.4	11.0	3.20	0.9
14	gas generation, non sticy	13.3	14.0	0.4	8.8	3.13	3.2
19	a few gas	11.3	15.8	0.6	7.3	3.15	5.4
21	few gas						
23	〃	11.4	20.8	0.4	7.0	3.16	5.0

1) Direct reducing sugar.　2) Fermentation.

Table 8. Some properties of *Saccharcmyces* sp. isolated from *kuchikami* rice *moromi* adding *sake* yeast K 6 (62) of experiment No.1.

Isolation strains		Some properties of *Sacch*. sp.												
		Asco-[1] spore	Fermentation						Assimilation Mz.	Y.cidin[2] resistance	Cell surface charge	Growth		Alc.product-[5] ion (%) in *sake* mash
Grouping	Moromi days		G.	Ma.	Ma.t	i.Ma.	Ga.	Su.				Vt-free[3]	K-defi-[4] cient	
(Added Sake yeast K6(62))		−	+	+	+	+	−	+	−	+	+	+	+	21.4
Sake yeast K6 group	chewing.3.5	−	+	+	+	+	−	+	−	+	+	+	+	20.5–21.6
Sacch.sp. (w) group	12, 14, 19	+	+	+	+	+	+	+	+	−	−	−	−	16.5–17.0

G.: glucose, Ma.: maltose, Ma.t: maltotriose, i.Ma.: isomaltose, Ga.: galactose, Su.: sucrose, Mz.: melezitose.
1) Forming of ascospore.　2) Yeastcidin resistance.　3) Vitamin free medium.
4) Potassium deficient medium.　5) Alcohol production (%) in *sake* mash (component from steamed rice, rice *koji* and water).

実験結果及び考察

1：清酒酵母K 6 (62) 添加による口かみ「もろみ」の成分組成と酵母及び乳酸菌の消長（実験1）

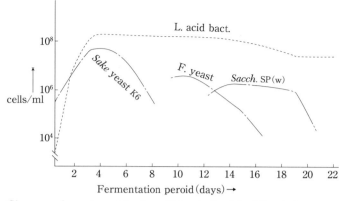

Fig. 3. Changes of yeasts and lactic acid bacteria of *kuchikami* rice *moromi* added *Sake* yeast K 6 (62) of exp. No. 1.
F. yeast：Film forming yeast. L. acid bact.：Lactic acid bactcrcia.

　9人分を混合した口かみ「もろみ」3.9kgを5lの容器に入れてK 6 (62) 酵母を加え，9日後には3lの容器にうつした。尚，唾液吸水は42.5％であった。
　a）状ぼう及び一般分析値の変化：結果をTable 7.に示した。酵母を添加したので翌日には湧付いたが，以後のガス発生は弱かった。9日後には状ぼうが変り表面の膜形成とガス発生が強くなったが，19日後からはガス発生が弱くなり，21～23日後にはガスの発生はなくなった。
　一般分析値は仕込3日後ボーメ16.0，酸度3.0ml，直糖12.2％で，9日後はアルコール0.9％であった。発酵終了後（23日）はアルコール5.0％であったが，酵母添加によるアルコール生産の効果はなかった。
　b）分離酵母の性質：「もろみ」から分離した*Sacch.* sp.の生理試験を添加したK 6 (62) の菌株と比較して行った結果をTable 8.に示した。「もろみ」の初期に分離した*sake* yeast K 6 groupは，K 6 (62) の菌株と同じ性質であった。12～19日後に分離した*Sacch.* sp.（w) groupは，K 6 (62) 菌株とは異なり野生の*Sacch.* sp.であった。しかしK 6 (62) 菌株を始め分離酵母がマルトース，マルトトリオース，イソマルトースの発酵性を有した。
　c）酵母及び乳酸菌の消長：分類した酵母*Sacch.* sp.及び産膜系酵母と乳酸

菌の消長をFig. 3.に示した。添加したK 6 (62) 酵母は，仕込当初$5.1×10^5$/mlの菌数であった。3日後には増殖し最高$8.0×10^7$/mlで，10^8/mlのレベルには達しなかった。仕込後の湧付きが弱かった原因と思われる。5日後には減少が始まり9日後には検出されなかった。

その後，産膜系酵母が出現し9日～12日に最高に達し，減少した。「もろみ」表面に膜を形成し，ねばった泡を発生したのは産膜系酵母によると推察される。

12日後になって野生の$Sacch.$ sp. (w) が出現したが，14日後には$3.0×10^6$/mlの菌数を最高にその後減少した。ねばった泡が消えガス発生が微弱ながら続いたのは野生酵母$Sacch.$ sp. (w) の発酵によるものでアルコールが5.0%であったのは，大半は野生酵母による生産であったと思われる。乳酸菌は仕込後から検出され，3日後に最高菌数$2.5～1.8×10^8$/mlに達し14日まで持続しその後若干減少した。

2：清酒酵母K 9 (46) 添加と酵母無添加の口かみ「もろみ」における成分組成と酵母及び乳酸菌の消長（実験2.）

8人分の口かみ「もろみ」を混合した「もろみ」3.6kgを同量に2分して2lの容器に入れた。尚，唾液吸水歩合は69%であった。K 9 (46) 酵母添加「もろみ」をA，酵母無添加「もろみ」をBとした。状ぼうと成分の経過をTable 9.に示した。

a）状ぼう及び一般分析値の変化：「もろみ」Aは1日後に湧付き，2日後にボーメ16.8，酸度2.5ml，直糖11.8%，全糖32.0%であった。10日後にはガスの発生は衰えてアルコール2.8%であった。16日後には表面に膜を形成したが，19日後には膜が消え表面がフクレてきた。25日後には旺盛なガスの発生が見られた。30日後頃からガス発生が弱くなったがアルコール5.8%であった。その後は，微弱なガス発生が70日間近くまで続いたがアルコールは7.8%であった。

「もろみ」Bは仕込2日後に僅かなガスを発生しボーメ18.5，酸度2.4ml，直糖16.7%，全糖34.5%であった。10日後にもガスの発生はあったが表面に膜の

Table 9. Change of general composition both *Kuchikami* rice *moromi* was added *sake* yeast K 9 (46) and without yeast addition of experiment No.2.

Moromi of 3.6kg (mixed for eight donor, contain 69% saliva) was divided into two parts, and were puted in vessel of 2 liter volum (*moromi* were removed in vessel of 1 l after 30 days).

Moromi	*Moromi* days	Appearance of *moromi* surface	General composition						
			Be	Acidity (ml)	Amino Acidity (ml)	D.R.S.[1] (%)	Total sugar (%)	pH	Alcohol (%)
(A) yeast addition	After chewing	(yeast addition)							
	1	fer.[2] begin							
	2	vigorus fer.[2]	16.8	2.5	0.05	11.8	32.0	3.87	
	10	a few gas	15.0	9.1	0.4	8.0	27.6	3.47	2.8
	16	a few gas, film forming							
	19	fer.[2] again, non film							
	25	vigorus fer.[2]							
	30	a few gas	12.2	12.3	0.9	6.6	22.5	3.35	5.8
	66	〃							
	70	few gas	10.4	11.0	1.4	4.9	18.0	3.48	7.8
(B) Without addition	1	no fer.[2]							
	2	a few gas	18.5	2.4	0.3	16.7	34.5	3.92	
	7	gas genelation. film forming							
	10	〃	17.0	12.3	0.5	10.5	30.0	3.32	1.4
	13	non gas, a few film							
	16	vigorus fer.[2]							
	23	a few gas							
	25	〃	13.0	14.9	1.3	8.2	24.0	3.26	4.9
	66	〃							
	70	few gas	10.0	13.4	2.0	3.9	17.8	3.40	7.8

1) Direct reducing sugar. 2) Fermentation.

形成は続き,アルコールは1.4%であった。16日後になってフクレの兆しを呈し,ガスの発生があった。25日後はガス発生微弱でアルコール4.9%であった。その後も「もろみ」Aと同様に弱い発酵が続き70日頃に発酵を停止し,アルコールは7.8%であった。

以上仕込1～2日後にガスを発生するが,発酵が劣えた後に再度フクレの兆しを呈し一時的にガス発生が強くなる。そして発酵が劣えてから僅かなガ

スの発生が続き70日間で発酵が終る。これはアルコール生成量を含めて「もろみ」A，Bとも同じ傾向であった。そして前記の実験1.と同様に酵母添加の効果はなかった。

b）オリゴ糖の検出：口かみ「もろみ」A，Bの仕込2日後と70日後の糖類を薄層クロマトグラフィで定性したのをFig. 4.に示した。仕込2日後は，「もろみ」A

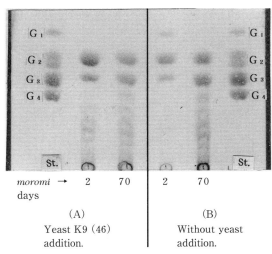

(A) Yeast K9 (46) addition.
(B) Without yeast addition.

Fig. 4. Qalitative thin layer chromatographic analysis of saccharide in both moromi of exp. No. 2.
St.：G_1, glucose. G_2, maltose. G_3, maltotriose, G_4, maltotetoraose.

がマルトースとマルトトリオース。「もろみ」Bには，その外に僅かにグルコースのスポットが見られた。「もろみ」Aは，添加酵母によるグルコースの消費が推察された。両「もろみ」ともオリゴ糖が残存したことは，発酵が困難であったことを示唆している。

c）分離酵母の性質：「もろみ」A，Bから分離した Sacch. sp. の性質を Table. 10に示した。「もろみ」Aから分離した酵母のなかで sake yeast K 9 group と同定した菌株はガラクトース発酵（−）である。同じ「もろみ」Aの後半に分離した Sacch. sp.（W・1）group はガラクトース発酵（＋）で，野生酵母と判断できる。

「もろみ」Bから分離した Sacch. sp. の（S）と（W・2）group はガラクトースを発酵し，他の糖類発酵性も同じであるがその他の性質に差があり異った野生の Sacch. sp. と判断できる。そして（S）group は，イーストサイジン耐性（−）であるがアルコール生産試験で20.0～20.6％を生産することから清酒酵

Table 10. Some properties of *Saccharomyces* sp. isolated from *kuchikami* rice *moromi* of experiment No. 2.

Moromi	Isolation strains			Some properties of Sacch. sp.												
	Grouping	Moromi days	Number	Asco-[1] spore	Fermentation						Assimilation Mz.	Y.cidin[2] resistance	Cell surface charge	Growth		Alc.product-[5] ion (%) in sake mash
					Ma.	Ma.t	i.Ma.	P.	St.	Ga.				Vt-free[3]	K-deficient[4]	
(A) yeast addition	(Added *sake* yeast K 9 (46))			−	+	+	+	w	−	−	−	+	+	+	+	19.8〜20.5
	Sake yeast K 9 group	chewing−21	9	−	+	+	+	w/−	−	−	−	+	+	+	+	19.6〜19.9
	*Sacch.*sp. (w・1) group	18〜70	8	+	+	+	+	+	−	+	−	−	−	−	−	16.9〜17.2
(B) Without addition	*Sacch.* sp. (s) group	4〜10	3	+	+	+	+	−	−	−	−	+	+	+	+	20.0〜20.6
	*Sacch.*sp. (w・2) group	13〜70	10	+	+	+	+	−	−	+	−	−	−	−	−	16.8〜18.4

Ma.: maltose, Ma.t: maltotriose. i.Ma.: isomaltose. P.: panose, St.: starch. Ga.: galactose, Mz.: melezitose.
1) Forming of ascospore. 2) Yeastcidin resistance. 3) Vitamin-free medium. 4) Potassium-deficient medium.
5) Alcohol production (%) in *sake* mash (componet from steamed rice, rice koji and water).

母に近い菌株と思われた。

「もろみ」A，Bの後半に出現した野生の（W・1）と（W・2）groupは共通した性質を示した。アルコール生成試験が16〜18％の低い生産とその他の性質から清酒酵母群とは異なる性質である。これは実験1.のK 6 (62)添加「もろみ」の後半に出現した野生の*Sacch.* sp.（W）とも共通している。

稲橋と吉田[2]はマルトース，マルトトリオースらのオリゴ糖の発酵能は菌株で異なるがいずれのオリゴ糖も良く発酵する株として清酒酵母では協会6号，9号，12号らを挙げている。使用した協会酵母のK 6 (62)，K 9 (46)はガラクトース発酵能の変異株であるが，オリゴ糖の発酵能は原株の性質を示した。また実験1.のK 6 (62)酵母添加「もろみ」から分離した野生の*Sacch.* sp.（W）groupを始め（W・1），（W・2）groupもマルトース，マルトトリオースの発酵能を有したが，前報での12種類の「もろみ」から分離した12株はマルトースは発酵したがマルトトリオースは発酵しなかった。「もろみ」によって野生の*Sacch.* sp.は清酒酵母タイプを始めオリゴ糖の発酵能などで異なる菌株が存在する。

d）酵母及び乳酸菌の消長：分離酵母*Sacch.* sp.を分類（Table. 10）した結

果にもとずき，これらの酵母群に産膜系酵母，乳酸菌を加えた「もろみ」中での消長をFig. 5.に示した。

酵母添加の「もろみ」Aは，添加したK9酵母が2日後には最高菌数に達し，7日後まで続いた（$3.4 \sim 4.0 \times 10^7$/ml）。これ以上は増加せず減少を始め21日以後は検出されなかった。その後，野生の*Sacch.* sp.（W・1）が18日後に検出（2.0×10^5/ml）された。19日後の状ぼうの再発酵と一致した。26日後には7.3×10^6/mlの菌数に達し，その後は僅かに減少して56日後に1.3×10^6/mlの菌数に達し，その後は僅かに減少して56日後に1.3×10^6/mlとなり，70日後には1.3×10^4/mlの菌数となった。

添加したK9(46)酵母は，増殖するが10^8/mlのレベルに達せず21日後に消滅したのは，実験1.のK6(62)酵母の消長と同じ傾向であった。また，野生の*Sacch.* sp.（W・1）は，最高菌数が少なく後半に出現するのは実験1.のK6(62)酵母添加「もろみ」と同じであった。

産膜系酵母は，13日後から増殖を始め16日後に最高菌数（6.8×10^6/ml）に達し，その後減少を始め36日以後は検出されなくなった。乳酸菌は，仕込直後に存在し4日後に最高菌数（$3.7 \sim 6.5 \times 10^7$/ml）に達するが，25日頃から減少し60〜70日間後には検出されなくなった。

酵母無添加の「もろみ」Bは，野生の*Sacch.* sp.が2種類検出された。初期の*Sacch.* sp.(S)は，仕込4日後に出現し10日後まで$1.0 \sim 1.4 \times 10^7$/mlの菌数であったが，13日後には検出されなかった。16日後になって前者の*Sacch.* sp.(S)とは異なる*Sacch.* sp.（W・2）が出現（1.6×10^6/ml）したが，「もろみ」状ぼうのフクレとガス発生と一致した。21日後の8.0×10^6/mlの菌数をピークに除々に減少を始めた。前記の「もろみ」Aの野生酵母*Sacch.* sp.（W・1）と同様に70日間の長い期間で僅かであるが$1.3 \sim 3.2 \times 10^4$/mlの菌数で生存した。初期に清酒酵母タイプの*Sacch.* sp.(S)が10^8/mlのレベルに達しないで消滅し，その後出現した*Sacch.* sp.（W・2）の最高菌数が$7 \sim 8 \times 10^6$/mlであったことは，前記のK9(46)酵母添加「もろみ」A及び実験1.のK6(62)酵母添加「もろみ」と同じ傾向であった。

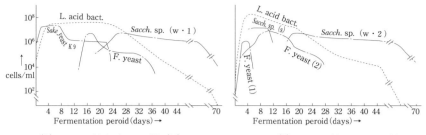

(A) *Moromi* added *sake* yeast K9 (46) .   (B) *Moromi* without yeast addition.

Fig. 5. Changes of yeasts and lactic acid bacteria both kuchikami rice moromi of exp. No. 2.
F. yeast：Film forming yeast. L. acid bact.：Lactic acid bactercia.

　産膜系酵母は初期に2種類が検出された。尚，Film forming yeast（1）と（2）は膜の形状で区別された。乳酸菌はこれまでの試験と同じで最高菌数が$5.0×10^7$/mlであったが，「もろみ」Bは$2.8×10^8$/mlであった。両者とも除々に減少し70日後には検出されなかった。

　両もろみの後半に出現したSacch. sp.の（W・1）と（W・2）が10^6/mlのレベルを維持し，僅かではあるが発酵（ガス発生）を続け，70日経過で乳酸菌は消滅したが，（W・1）と（W・2）は$1.3～3.2×10^4$/mlの菌数で生存していた。長い期間，発酵を持続しアルコール7.8％も生産したのは初めてで例外ともいえるが，酵母の性質によるのか，またこれまでに見られなかった乳酸菌の減少が早くおきたことも影響していると思われる。

　添加した2種（K6，K9）の清酒酵母は，増殖はするが5～6日間で減少する。両酵母がガラクトース発酵能の変異株であり「もろみ」中での生存能の性質についても考えなくてはないが，酵母無添加「もろみ」の初期に出現した野生酵母は，Table 4.で示したように清酒酵母に近い酵母であり，添加した清酒酵母と同じ生育パターンであったことからK6，K9酵母の生存能の変異によるとは考えられない。

　口かみ「もろみ」が原料に白米を用いる点が清酒「もろみ」と共通している。その清酒「もろみ」で増殖し旺盛な発酵をする清酒酵母の協会6号，9号を添加した。両酵母とも吟醸酵母で同系の実用菌株として用いられている。

アルコール生産は6号添加「もろみ」が9日後で0.9%，9号が10日後で2.8%であった。その他，酸度にも違いがみられた。特に発酵に影響する汲水歩合(唾液吸水)の違いが影響していると思われるが，それにしてもアルコールの生産量が少なかった。

以上，口かみ「もろみ」に清酒酵母を添加しても活性が弱くアルコール生産も低かったことから口かみ「もろみ」におけるアルコール発酵が旺盛でないのは出現する野生酵母Sacch. sp.の特異的な性質でなく，口かみ「もろみ」の環境特性によると思われる。オリゴ糖の発酵性を含めて検討してみたい。唾液中[3]には抗菌性のタンパク質や抗体が含まれており酵母の増殖，発酵に抗菌作用が関与しているとすれば唾液を含むと言う，他に見られない口かみ「もろみ」の特異性が考えられる。

同じ「もろみ」を2分して行った実験2.では，両「もろみ」の後半に出現する野生酵母Sacch. sp.が同じ性質で最高菌数も10^6/mlのレベルで70日頃まで生存するなど一致した経過をたどった。また「もろみ」後期の酵母は清酒酵母タイプとは異なる野生酵母Sacch. sp.であった。添加した清酒酵母が初期に存在するのは当然であるが，無添加「もろみ」でも初期に野生酵母Sacch. sp.が存在し，消滅した後に他の野生酵母が再度出現する。この様に口かみ「もろみ」に異なった2タイプの野生酵母Sacch. sp.が別々に出現したのは興味深い。

しかし，前報で行った各自単独の口かみ「もろみ」の酵母の消長では「もろみ」日数の経過にともなう酵母の分類試験を行っていないので明確でないが，このような現象は見られなかった。そして発酵終了後のSacch. sp.が清酒酵母に近い性質であった。これらのことを含めて口かみ「もろみ」には普遍的にSacch. sp.は存在するが，「もろみ」中での変遷やタイプの異なったSacch. sp.が不規則に出現するのが口かみ「もろみ」の生態系の特徴とみられる。仕込試験は研究室で行ったが仕込時の気候（季節），環境（空気中の微生物），「もろみ」量，「もろみ」の混合操作などの影響が考えられる。

要約

　口かみ「もろみ」にグルコース，マルトース，マルトトリオースの発酵能を有する清酒酵母を添加して発酵させた。

　1）添加酵母は一旦増殖するが，自然消滅しその後に野生酵母，Sacch. sp.の発育現象がみられたが，菌数は10^6/ml のレベルであった。清酒酵母添加によるアルコールの生産量を高めることはできなかった。

　2）後半に発育した野生酵母 Sacch. sp. によって約70日間，弱い発酵が持続してアルコール7.8％を生産した「もろみ」もあった。

文　　献

1）山下勝，西光伸二，稲山栄三，吉田集而：醸協，**88**（10），818-824（1993）
2）稲橋正明，吉田清：醸協，**87**（12），858-863（1992）
3）日経サイエンス（日経サイエンス社発行）：**6**，14（1999）

3．石垣島の稀薄口かみ「もろみ」の再現

宮城[1]の記録（昭和51年）によれば，石垣島での「口かみ酒」は昭和の初め頃から姿を消したと言われる。それ以前の口かみは2 lの粳米から造った蒸米と水に漬した0.2 lの生の米粉を口かみし，5.5 lの水に吐き出す。水底に沈んでいる半潰しの米粒を掴んで再びかむ。としてある。

これまでに筆者らが行った試験では口かみする蒸米量が多く口かみ時間が短いためもあると思うが，前報（本誌）では唾液吸水歩合が42.5と69％と低い値であった。汲水歩合は酵母の発酵に強く影響し清酒製造では125～130％である。これ以下になると発酵がにぶくなる。前報で行った口かみ「もろみ」のアルコール生成量が少なく，酵母の増殖が抑制されたのは汲水歩合が低かったことが推察される。

本実験では「もろみ」をさらつかせるために口かみ後，水を加えて汲水を延して仕込を行った。原料の一部に生の米粉を用いなかったが，水を加えた点は石垣島の稀薄口かみ「もろみ」の再現である。尚，清酒酵母添加と酵母無添加「もろみ」の比較試験を行った。

実験方法

1）口かみ「もろみ」の製造は，蒸米（精米歩合90％）を口かみ後，唾液量が少ないのは唾液を追加して蒸米に対し唾液歩合150％になるように調整し，さらに50％の水道水を加えた13人分の「もろみ」を混合して，口かみ「もろみ」4 kgを得た。蒸し前の白米に対する総汲水歩合は約270％となる。これをAとBに2分して2 lの容器に入れた。Aには清酒酵母のK 6 (62)を添加した。「もろみ」管理は前報と同じである。

2）酵母数の測定，分離酵母の生理試験，糖類の薄層クロマトグラフィは前報と同じである。

Table 11. Changes of general composition both dilute *Kuchikami* rice *moromi* was added *sake* yeast K 6 (62) and witout yeast addition of expreiment No.3. *Moromi* of 4 kg (contain 150% saliva and 50% water) mixed for thirteen donor was divided into tow parts, and were puted in vessel of 2 l volum (*moromi* were removed in vessel of 1 l after 14 days).

Moromi	*Moromi* days	General composition						
		Be	Acidity (ml)	Amino Acidity (ml)	D.R.S.[1] (%)	Total sugar (%)	pH	Alcohol (%)
(A) Yeast addition	After chewing[2]	9.2	0.6	0.4	10.3	18.4	4.83	
	2	9.4	2.3	0.1	9.0	17.7	4.89	
	6	9.3	8.6	0.3	6.6	17.8	3.30	1.3
	10	9.2	12.4	0.3	6.5	16.2	3.18	1.5
	14	6.9	15.9	0.2	5.0	13.3	3.07	3.4
	21	5.8	25.5	0.4	3.4	11.3	3.20	3.2
	25	6.2	35.0	0.2	3.4	11.0	3.24	1.8
	29	6.2	47.2	0.6	3.7	10.6	3.20	0.6
(B) Without addition	After chewing	9.2	0.6	0.4	10.3	18.4	4.83	
	2	10.5	3.5	0.3	10.5	20.1	3.89	
	6	9.6	9.0	0.2	6.6	17.3	2.98	1.0
	10	8.0	14.9	0.3	3.9	15.3	3.18	2.5
	14	7.4	19.2	0.2	5.4	14.2	3.13	2.2
	21	7.6	30.2	0.3	4.3	14.0	3.19	1.2
	25	7.8	40.4	0.2	4.8		3.22	0.0
	29	8.0	49.4	0.6	5.3	14.1	3.21	0.0

1) Direct reducing. 2) Yeast addition

実験結果及び考察

a) 一般分析値の変化：経過をTable 11.に示した。酵母添加「もろみ」Aは，2日後がボーメ9.4，酸度2.3ml，直糖9.0%，全糖17.7%で，一方酵母無添加「もろみ」Bは2日後がボーメ10.5，酸度3.5ml，直糖10.5%，全糖20.1%であった。稀薄「もろみ」のため前報の「もろみ」成分より低い値であった。「もろみ」Aは酵母添加による糖消費があったことが伺える。6日後のアルコールも1.3%と1.0%で「もろみ」Aが若干高いが酵母添加によってアルコールの生産は期待できなかった。最高値のアルコールも3.4%（14日後，酸度15.9ml）と2.5%（10日後，酸度14.9ml）で大差はなかった。

18〜20日頃から「もろみ」に酢酸臭が感じられるようになった。酢酸の生成によると思われるが酸度も29日後で47.2mlと49.4ml。アルコール濃度は

0.6％と0.0％であった。アルコール濃度は明らかに減少しており，菌の同定は行っていないが酢酸菌による消費と考えられる。

b）オリゴ糖の検出：薄層クロマトグラフィによる糖類の検出をFig. 6.に示した。口かみ「もろみ」A，Bともに2日後にマルトースと少量のグルコースが検出された。21日と29日後はマルトースのほかにマリトトリオースが検出され，グルコースが消滅していた。オリゴ糖が発酵されず蓄積されていることが分かる。

c）分離酵母の性質：K6(62)酵母添加「もろみ」Aと酵母無添加「もろみ」Bから分離したSacch. sp.の性質をTable 12.に示した。「もろみ」Aの初期に分離したsake yeast K6 groupは添加酵母と同じ性質であった。8日後に出現したSacch. sp.（W・3）groupはガラクトース発酵（＋）で初期の酵母と異なっていた。「もろみ」Bの1日後に出現したSacch. sp.（S・1）groupは清酒酵母タイプで，6日後に出現した（W・4）groupとは区別される。以上，試験項目が少ないが添加酵母K6(62)を始め分離株の全てがマルトースを発酵した。

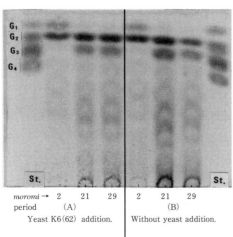

moromi → 2 21 29 | 2 21 29
period   (A) | (B)
Yeast K6(62) addition. | Without yeast addition.

Fig. 6. Qalitative thin layer chromatographic analysis of saccharide in both moromi of exp. No. 3.
　　St.（standard）are same as Fig. 2.

野生酵母Sacch. sp.（S・3）は清酒酵母タイプ。また「もろみ」A，Bの後半に出現する（W・3）と（W・4）の菌株は清酒酵母タイプとは異なる。

d）酵母の消長：区別したSacch. sp.の「もろみ」中での消長をFig. 7.に示した。「もろみ」Aは，1日後僅かな増殖であった。稀薄のため栄養源の不足によると思われる。2～3日後には最高$4.8～5.0×10^7$/mlの菌数に達した。その後は減少して8日以後は検出されなかっ

Table 12. Properties of *Saccharomyces* sp. isolated from both dilute *kuchikami* rice *moromi* of experiment No. 3.

Moromi	Isolation strains			Properties of *Sacch.* sp.				Y.cidin[2] ressi- tance
	Grouping	*Moromi* days	Number	Asco-[1] spore	Fermentation		Assimi- lation	
					Ma.	Ga.	Mz.	
(A) Yeast addition	(Added *sake* yeast K 6 (62))			−	+	−	−	+
	Sake yeast K 6 group	chewing−8	8	−	+	−	−	+
	Sacch.sp.(w・3)group	8〜18	7	+	+	+	+	−
(B) Without addition	*Sacch*.sp.(s・1)group	1〜6	6	+	+	+	−	+
	Sacch.sp.(w・4)group	6〜18	8	+	+	+	+	−

Ma.：maltose, Ga.：galactose, Mz.：melezitose.
1) Forming of ascopore. 2) Yeastcidin ressistance

た。同時に野生の*Sacch*. sp.（W・3）が出現するが菌数は7.6〜8.0×10^6/mlが最高であった。18日後には低下し，21日後には全く検出されなかった。産膜系酵母は8日後に出現し，11日後をピークにその後は減少した。

「もろみ」Bでは仕込後に酵母は検出されなかったが，1日後には清酒酵母タイプの*Sacch*. sp.（S・1）が検出されて3日後に最高菌数の4.6×10^7/mlに達したが，4日後から減少し6日以後は消滅した。同日の6日後には異なった*Sacch*. sp.（W・4）が出現し，8日〜18日後までは最高菌数（6.0〜1.2×10^6/ml）を維持したが，その後は消滅した。産膜系酵母は5日〜6日後に出現（1.7×10^8/ml）したが，10日後には消滅した。

両「もろみ」とも2種の*Sacch*. sp.が検出された。添加酵母が出現するのは当然であるが，最高菌数が10^8/mlのレベルまでに達せず消滅し，その後は異なった*Sacch*. sp.が増殖してくるが最高菌数10^6/mlのレベルで初期の菌数より低い。これは前報の実験と同じ現象であった。「もろみ」Bの清酒酵母タイプの*Sacch*. sp.（S・1）が初期に発育して減少したことは，K 6 (62)，K 9 (46)の酵母が変異株のために消滅したという憶測をここでも否定できる。また稀薄にして「もろみ」をさらつかせても酵母の増殖，発酵を活性化させることはできなかった。

本実験で「もろみ」の18〜20日頃から酢酸臭を発生し，その後も酸度の増

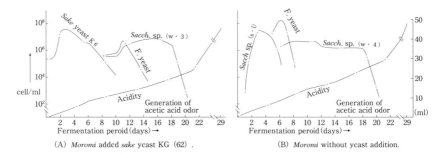

Fig. 7. Changes of yeasts of both *kuchikami* rice *moromi* of exp. No. 3.
F. yeast : Film forming yeast. Lactic acid bacteria were not counted.

加とともに酢酸臭が強くなり，29日後の酸度は47.2～49.4/mlを示した。酢酸の定性，酢酸菌の同定は行っていないが，酵母の急激な減少は酢酸の蓄積によると考えられる。酢酸菌の繁殖が稀薄「もろみ」のためかは検討を要する。

　石垣島の稀薄口かみ「もろみ」の製造方法は，緒言の頃で紹介したが，米1lをkgに換算（米1升≒1.5kg）すると吸水歩合は290％になる。それに唾液吸水を80％と仮定すれば汲水歩合370％の稀薄「もろみ」となる。本実験では原料に生の米粉を用いなかったが，水を加えた汲水歩合270％（唾液＋水）の「もろみ」であった。石垣島の稀薄口かみ「もろみ」はこれより100％多いことになる。清酒醸造での稀薄酒母（汲水歩合200～400％）は十分に発酵可能である。

　石垣島では3日目で飲むのが適度，4日目になるとアルコール分は強くなるが，各人の好き嫌いもあるので好みによって三日ミシ，四日ミシなどといって飲むと記録[1]されている。

　本実験の稀薄「もろみ」の6日後のアルコール生産が，酵母添加「もろみ」1.3％，無添加「もろみ」が1.0％で，しかも酵母添加でもアルコールの生産を高めることはできなかった。そして石垣島の方法は，本実験よりも稀薄であることからアルコール濃度は1％以下であったと思われる。

　古代「口かみ酒」については具体的な数値はなく多くが想像で述べられていると思う。科学のメスが加えられたのは近年である。山下[2]らの報告によ

るとうまく進行して生成アルコールのピークは10日頃で1～3％であるが，「もろみ」の1/4は10日経過しても生成アルコール濃度は1％以下であった。これは筆者らの前報の研究とも一致する。これは容器を密封し1日1～2回の攪拌で好気性菌の繁殖を押さえ，密封し25℃以上の温度で管理するなど微生物学及び発酵学の知識を導入しての結果であり，古代「口かみ酒」にはアルコールはほとんど含まれていなかったと思われる。アルコールが含まれないのに「甘酒」と言うがごとしである。恐らく甘酸っぱい「甘酒」であったと思われる。

石垣島の飲料用のミシ（口かみ酒）は昭和の初め頃から姿を消し，神事用のミシは「かみミシ」ではなく新しい方法で作ったミシが登場した。その新しい神酒は，2ℓの飯（粳米），5ℓの水を壺に入れ二日目に定量の砂糖を加えて，去日ふき上る頃飲むと記録されている。甘い粥のような味であったと思われるが，「口かみ酒」がアルコールを含まなかったとすれば「口かみ酒」の代替飲料として十分に味わえたと思われる。

要約

石垣島で昭和の初期まで行われていた，水添加の稀薄口かみ「もろみ」の仕込に清酒酵母を添加したが，「もろみ」日数14日後でアルコール3.4％，酵母無添加は10日後で2.5％が最高であった。その後は，アルコールは減少し酸度は47.2mlと49.4mlであった。

酢酸臭が強く感じられたことから酸度の急激な増加は酢酸菌の増殖によるものでアルコールの減少は酢酸菌の資化によるものと推察した。

文　献
1) 宮城文：醸協，**71**（1），29-31（1976）
2) 山下勝，西光伸二，稲山栄三，吉田集而：醸協，**88**（10），818-824（1993）

あとがき

　今世紀中，ノーベル賞に最も近いと言われる"青色発光ダイオード"を開発した（朝日新聞，平12年2月16日）中村修二博士がNHKのテレビ対談で，司会者からどのようにして独創は生まれたかの問に，1．常識をうたがう．2．人のまねをしない．3．体で学ぶ．の三つを挙げていた。

　清酒酵母はビール酵母と同じと言うのが常識であったが，日本にだけしかない清酒「もろみ」，そこに住みつく酵母は異なる。と言うのが指導して下さった先生方の考えであった。常識を疑うと言うよりは，異なるのが当然であるとの考えであった。指導下さった北原覚雄先生らは，自から分類指標となる抗原No. 5を発見された。

　北原先生は，外国人の意見に簡単に迎合するようではいけない。村上英也先生は，清酒酵母の研究は日本人がやらないと分からない，と言っておられた。これらは"人のまねをしない"，"体で学ぶ"と言うことを意味しているように思う。

　清酒酵母の学名は"The yeasts"の分類に従うべきだとの意見が多い。1998年発行の4版を見てどのように思われるだろうか。矢部規矩治先生の$Sacch. sake$を認識してもらうのに，良い機会である。

　口かみ酒は，酒の文化史のなかに必ず出て来る。唾液中の糖化酵素で米の澱粉から糖分が蓄積され，野生酵母の発酵でアルコールを含んだ酒であるとの記載である。

　糖化酵素は麦芽と同じβ-アミラーゼ，糖分は主にマルトーズ，初期は酵母は存在せず，ガス発生はヘテロ発酵型の乳酸菌である。神事に用いられ3～4日目に飲用したと伝えられているが，そうだとすればアルコールを含まない酒（甘酒）である。歴史に残る文化史として伝承されることを考えると，常識をうたがってもう少し研究が必要と思う。

―著　書―
名誉教授
竹田　正久　東京農業大学応用生物科学部醸造科学科，醸造微生物学研究室
教授
中里　厚実　東京農業大学応用生物科学部醸造科学科，醸造微生物学研究室
教授
門倉　利守　東京農業大学応用生物科学部醸造科学科，醸造微生物学研究室

　　浅香　英二　東京農業大学大学院農学研究科，醸造学専攻修了

清酒酵母の特性は日本酒の文化

平成12年10月１日　　　初版第１刷
令和５年９月30日　　　初版第７刷

編集者　竹田　正久

発行者　一般社団法人東京農業大学出版会
　　　　東京都世田谷区桜丘１－１－１
　　　　電話　03－5477－2666

印　刷　共立印刷株式会社